# Excel

## 高效办公应用与技巧

李丽丽◎编著

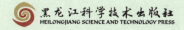

黑龙江科学技术出版社

HEILONGJIANG SCIENCE AND TECHNOLOGY PRESS

**图书在版编目（ＣＩＰ）数据**

Excel：高效办公应用与技巧 / 李丽丽编著．-- 哈尔滨：黑龙江科学技术出版社，2023.3
ISBN 978-7-5719-1828-6

Ⅰ．①E⋯ Ⅱ．①李⋯ Ⅲ．①表处理软件 Ⅳ．① TP391.13

中国国家版本馆 CIP 数据核字（2023）第 036249 号

## Excel：高效办公应用与技巧
Excel：GAOXIAO BANGONG YINGYONG YU JIQIAO

李丽丽　编著

| | | |
|---|---|---|
| 责任编辑 | 回　博　沈福威 | |
| 排　版 | 容　安 | |
| 出　版 | 黑龙江科学技术出版社 | |
| | 地址：哈尔滨市南岗区公安街 70-2 号　邮编：150007 | |
| | 电话：（0451）53642106　传真：（0451）53642143 | |
| | 网址：www.lkcbs.cn | |
| 发　行 | 新华书店 | |
| 印　刷 | 三河市祥达印刷包装有限公司 | |
| 开　本 | 710 mm×1000 mm 1/16 | |
| 印　张 | 16 | |
| 字　数 | 134 千字 | |
| 版　次 | 2023 年 3 月第 1 版 | |
| 印　次 | 2023 年 3 月第 1 次印刷 | |
| 书　号 | ISBN 978-7-5719-1828-6 | |
| 定　价 | 68.00 元 | |

# 前　　言

对于 Excel 这个软件，相信大家一定不陌生，如果有人问你是否可以熟练运用 Excel，你可能会回答："会呀，我没有参加工作之前就可以熟练运用了。"

事实上，对于这个软件，我们大多数人仅停留在会简单使用的层面。如果我们能更进一步、系统地学习这个软件，真正做到熟练运用这个软件，那便可以大大提高我们的办公效率，使其真正成为我们手中的"办公利器"了。

深入学习使用 Excel 的途径有很多，大家可以在网上搜索相关的视频资源，也可以买书。如果大家选择了这本书，那么，一定不会让大家失望。

本书一共分为九章，讲述了 Excel 的基本操作，表格数据的录入，表格数据的快速编辑，图表的生成与美化，数据分析、预测与汇总，公式的应用技巧，函数的应用，数据透视表与数据透视图，以及宏与 VBA 的应用。

本书内容翔实，知识全面，案例丰富、具体，步骤详细，可操作性强，方便初学者快速上手。通过学习本书，大家可以从 Excel "小白" 迅速变成 Excel 高手。读过此书后你可以：

• 快速填充有规律的数据；

• 通过数据验证防止表格被随意改动；

• 熟练运用各种常用函数；

• 借助图表、数据透视表分析复杂问题；

本书最大的亮点就是详尽、细致，不管是简单还是复杂的知识点，都有详细的步骤讲解。同时，针对每一章节的难点，都配有相应的讲解视频，方便大家参照学习。不管你是有 Excel 基础知识却无法高效应用到工作中的职场人士，还是想要丰富自我、提升技能的大学生，本书都将是你的不二之选。

# 目　录

# 第 2 章　表格数据的录入

## 第 6 章　公式的应用技巧

## 第 7 章 函数的应用

## 第 8 章 数据透视表与数据透视图

## 第 9 章　宏与 VBA 的应用

第 1 章

# Excel 的基础操作

## 1.1　工作簿的基本操作

### 1.1.1　什么是工作簿？

工作簿是我们在工作中用来记录、存储并处理工作数据的工具，工作簿也通常被叫作文件，或 Excel 文件。Excel 文件的后缀是 ".xlsx"，如图 1-1 所示。如果在系统里把文件名的后缀隐藏了，那么我们就只能看到义件名。当我们双击图中的文档时，就可以打开工作簿了。

图1-1　工作簿

【注】文件扩展名，也称为文件的后缀名称，是每个文件的重要组成部分，也是操作系统的一种标记文档类型的机制。如果文件没有扩展名，操作系统将无法处理该文件，也不知道该如何处理该文件。

### 1.1.2　认识工作簿

我们打开一个工作簿，从上往下依次是：工作簿标题、快速访问工具栏、菜单栏（包括文件、开始、插入、页面布局、公式、数据、审阅、视图、帮助、搜索）、功能区（包括菜单栏中各项的详细功能）、名称框、编辑栏、编辑区、工作表标签栏。如图 1-2 所示。

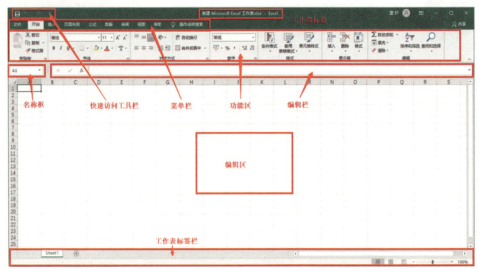

图1-2  认识工作簿

### 快速访问工具栏

快速访问工具栏位于 Excel 的左上角，默认是保存、撤销、恢复、自定义四个功能。主要用于快速保存、撤销、恢复和自定义快速访问工具栏。

### 菜单栏

菜单栏包含很多快捷的功能区，包括文件、开始、插入、页面布局、公式、数据、审阅、视图、帮助、搜索等，主要用来对编辑区的内容进行设置、调整等高级操作。打开工作簿时，默认显示开始菜单的内容。

### 功能区

**开始：** 开始功能区主要由七个分组构成，分别是剪贴板、字体、对齐方式、数字、样式、单元格、编辑。如图 1-3 所示。

这些分组选项卡对应 Excel 2021 的编辑和格式功能区。开始功能区是经常使用的一个功能区，主要作用是协助我们编辑单元格数据以及设置单元格格式。

图1-3  开始功能区

**插入：** 插入功能区主要由十个分组构成，分别是表格、插图、加载项、图表、演示、迷你图、筛选器、链接、文本、符号。如图 1-4 所示。

这些分组的作用是在表格中插入各种需要的对象，比如图片、表格等。

图1-4　插入功能区

**页面布局：**页面布局功能区主要由五个分组构成，分别是主题、页面设置、调整为合适大小、工作表选项、排列。如图 1-5 所示。

在"页面设置"和"调整到合适大小"菜单下选择使用特定的指令，可以帮助我们设置与表格、页面相关联的样式。

图1-5　页面布局功能区

**公式：**公式功能区主要由四个分组构成，分别是函数库、定义的名称、公式审核、计算。如图 1-6 所示。

这些功能主要用于计算表中的各种数据。

图1-6　公式功能区

**数据：**数据功能区主要由六个分组构成，分别是获取和转换数据、查询和连接、排序和筛选、数据工具、预测、分级显示。如图 1-7 所示。

利用这些功能，可以对表格中的数据进行分析和相关处理。

图1-7　数据功能区

**审阅：**审阅功能区主要由八个分组构成，分别是校对、中文简繁转换、辅助功能、见解、语言、批注、保护、墨迹。如图 1-8 所示。

该功能区的主要作用是对工作表进行校对和修订等操作，用于协作处理表中的数据。

图1-8　审阅功能区

**视图：**视图功能区由五个分组构成，分别是工作簿视图、显示、缩放、窗口、宏。如图 1-9 所示。

这几个功能，方便我们对工作表窗口的视图类型进行设置。

图1-9　视图功能区

## 1.1.3　创建工作簿

创建工作簿一般有以下两种方法：

第一种，启动 Excel，系统自动创建一个基于 Normal 模板的工作簿。这个工作簿便是默认工作簿，名称为：工作簿 1.xlsx。

第二种，启动 Excel，点击"文件"选项卡，选择"新建"命令，选择"空白工作簿"，即可创建一个新的空白工作簿。如图 1-10 所示。

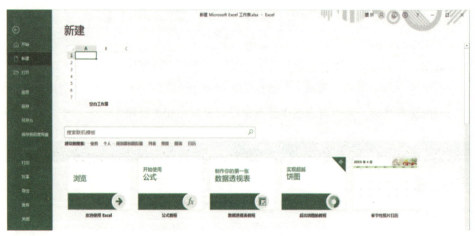

图1-10　创建工作簿

如果在联网的情况下，执行"文件"|"新建"命令时，在"联机模板"区域中会出现很多类型的模板，我们可以根据自己的需要选择合适的模板，然后点击"下载"，即可快速创建包含格式和内容的新工作簿。

### 1.1.4 打开工作簿、关闭工作簿与退出工作簿

**1.打开工作簿**

打开工作簿主要有以下三种方法：

（1）双击 Excel 文档图标。

（2）启动 Excel 程序，然后单击"文件"选项卡，在该下拉列表中选择"打开"命令，这时便会弹出对话框，然后选择需要打开的文件，点击打开即可。

（3）启动 Excel 程序，然后单击"文件"选项卡，在该下拉列表中选择"开始"命令。这时，我们可以看到历史编辑记录，通过历史编辑记录，选择需要的工作簿，点击"打开"即可。

**2.关闭工作簿**

在不影响其他已经打开的 Excel 文档的情况下，关闭当前打开的工作簿时，在"文件"选项卡中找到"关闭"，单击即可，或者直接点击该文件右上角的"关闭"图标。

**3.退出工作簿**

单击"文件"选项卡中的"退出"，即可退出工作簿。如有未保存的文档，我们可以根据需要，在弹出的窗口选择是否保存即可。如图 1-11 所示。

图1-11 保存窗口

## 1.1.5 保护工作簿

保护工作簿主要有两种方案，通过设置"打开"和"编辑"权限，可以防止他人打开或编辑工作簿，还可以限制他人对工作簿的结构和窗口进行操作。

**1.限制打开、修改工作簿**

在保存工作簿文件时，我们可以设置打开或修改的密码，从而保证数据的安全性。具体操作步骤如下：

**第一步：**单击快速访问工具栏中的"保存"按钮，或者单击"文件"选项卡下的"保存"或"另存为"命令。单击"另存为"命令后，会弹出"另存为"窗口。

**第二步：** 在弹出的"另存为"窗口中，依次选择保存位置、保存类型，并输入文件名。

**第三步：** 点击"另存为"窗口右下角的"工具"选项卡，会显示下拉列表，选择"常规选项"即可打开"常规选项"窗口。如图 1-12 所示。

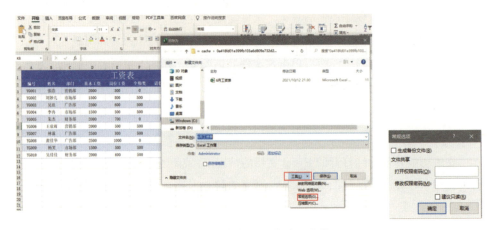

图1-12　限制打开、修改工作簿

**第四步：** 在弹出窗口的文本框中输入密码，输入的密码显示为"*"。如果设置为"打开权限密码"，那么，在打开工作簿文件时，只有输入正确密码才能打开；如果设置为"修改权限密码"，那么，在修改工作簿中的数据时，只有输入正确的密码才能修改；如果选中"建议只读"复选框，那么，再次打开文件时，系统会提示以只读的方式打开文件。

> **说明：** 上面三项可以全部设置，也可以只设置其中一项。如果需要取消文档保护，删除密码即可。

**第五步：** 单击"确定"按钮，弹出"确认密码"窗口，待再次输入相同的密码并确认后，再单击"保存"按钮。

> **说明：** 由于 Excel 没有密码找回的功能，因此，我们一定要牢记设置的密码。

### 2.限制对工作簿的结构和窗口的操作

设置工作簿保护，还可以防止他人更改工作簿的结构或窗口。具体步骤如下：

**第一步：** 打开需要对其进行保护的工作簿。

**第二步：** 单击"审阅"选项卡下"保护"组中的"保护工作簿"按钮，便会弹出"保护结构和窗口"的对话框。如图 1-13 所示。

图1-13 限制对工作簿的结构和窗口的操作

**第三步**：在"保护结构和窗口"对话框中设置需要保护的对象和密码。

"保护结构"：可以防止他人查看已经被我们隐藏的工作表，也可以防止他人进行移动、删除工作表等更改工作簿结构的操作。

"保护窗口"：可以阻止别人进行移动窗口、调整窗口的大小等操作。

"保护密码"：可以防止别人取消对该工作簿的保护。

如果需要取消对工作簿的保护，单击"审阅"选项卡下"保护"组中的"保护工作簿"按钮。如果对工作簿设置了保护密码，在弹出的对话框中输入密码即可。

> **说明**：该设置并不能阻止他人修改工作簿的数据，如果需要保护数据不被修改，对工作簿的文件设置密码即可。

### 1.1.6 隐藏工作簿

同时打开多个 Excel 工作簿时，可以选择临时隐藏一个或多个窗口，并根据需要重新显示它们。具体操作步骤如下：

选择需要隐藏的工作簿，单击"视图"选项卡下"窗口"分组中的"隐藏"按钮，即可隐藏当前的工作簿。如图 1-14 所示。

图1-14 隐藏工作簿

单击"取消隐藏"按钮，在弹出的"取消隐藏"对话框中选择要取消隐藏的工作簿名称，点击"确定"即可取消隐藏。如图 1-15 所示。

图1-15 取消隐藏工作簿

# 1.2 工作表的基本操作

工作表是工作簿的主要组成部分，下面的小节中将重点介绍对工作表的基本操作。

## 1.2.1 插入工作表

在每次新建工作簿时，Excel 会默认创建一张工作表。如果我们需要新的工作表，有三种操作方法。

第一种，在现有的工作表后插入一张新的工作表，鼠标左键单击窗口底部的工作表标签右侧的"+"即可。

第二种，鼠标右键单击现有的工作表标签，在菜单中选择"插入"命令，在弹出的对话框中的"常用"选项卡中选择工作表，点击"确定"即可创建一个新的工作表。如图 1-16 所示。

图1-16　插入工作表

第三种,点击菜单栏中的"开始"选项卡,在"单元格"分组中有一个插入按钮,点击下方的箭头,选择"插入工作表"命令即可在当前工作表的前面插入一个新的工作表。如图 1-17 所示。

图1-17　插入工作表

## 1.2.2　删除工作表

前面学习了如何插入工作表,下面我们学习如何删除工作表。

删除工作表有两种方法:第一种,在需要删除的工作表标签上单击鼠标右键,在弹出的菜单中选择"删除"命令,即可删除当前的工作表。如图 1-18 所示。

第二种,选择需要删除的工作表,单击菜单栏中的"开始"选项卡,在"单元格"分组中单击删除的下拉按钮,在下拉列表中单击"删除工

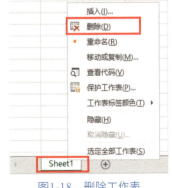

图1-18　删除工作表

作表"命令，即可删除当前选中的工作表。

### 1.2.3 重命名工作表

如果需要对工作表进行命名，或者修改已经命名的工作表，有两种方法。

第一种，在需要重命名的工作表标签上双击鼠标左键，这时，工作表标签上的文字处于可编辑的状态，输入新的工作表名称即可。

第二种，在选中的工作表标签上单击鼠标右键，选择"重命名"命令，输入新的名称即可。如图 1-19 所示。

图1-19 重命名工作表

### 1.2.4 设置工作表标签的颜色

如果需要在打开的多个工作表中突出显示某个工作表，那么，为工作表标签设置不同的颜色即可，有以下两种方法：

第一种，单击"开始"选项卡下"单元格"分组中"格式"的下拉按钮，选择"工作表标签颜色"，右侧就会显示颜色设置，选择想要设置的颜色即可。如图 1-20 所示。

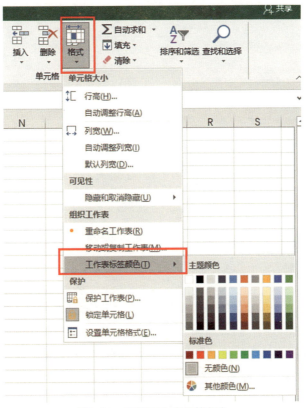

图1-20 设置工作表标签颜色

第二种，在需要改变颜色的工作表的标签上单击鼠标右键，在弹出的菜单中设置工作表标签的颜色即可。如图 1-21 所示。

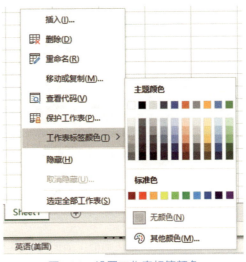

图1-21 设置工作表标签颜色

图 1-22 所示为工作表标签颜色选定为蓝色后的效果。

图1-22　设置工作表标签颜色后的效果

## 1.2.5　移动或复制工作表

### 1.移动工作表

当需要在同一个工作簿中移动或者复制多个 Excel 工作表时，可以使用以下两种方法：

第一种，选择需要移动的工作表，单击鼠标右键，在菜单中选择"移动或复制"命令，在弹出的"移动或复制工作表"对话框中选择要移动的位置。如图 1-23 所示。

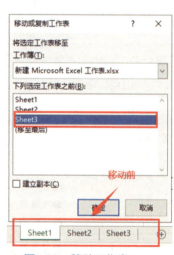

图1-23　移动工作表

第二种，选中要移动的工作表，按住鼠标左键，拖到想要放置的位置即可。

### 2.复制工作表

复制工作表的方法与移动工作表的方法类似（前面的步骤不再赘述），直接在弹出的对话框中勾选"建立副本"复选框即可，如图 1-24 所示；还有一种比较简单的方法，按住鼠标拖动工作表的同时按"Ctrl"键即可。

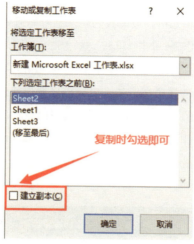

图1-24 复制工作表

## 1.2.6 显示或隐藏工作表

选中需要隐藏的工作表，单击鼠标右键，在弹出的菜单中选择"隐藏"按钮即可。

如果需要取消隐藏，单击鼠标右键，选择"取消隐藏"，在弹出的对话框中选择需要显示的工作表，点击"确定"按钮。如图 1-25 所示。

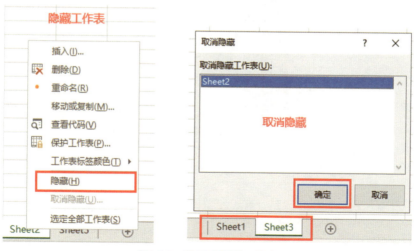

图1-25 显示或隐藏工作表

### 1.2.7　保护工作表

设置保护工作表可以防止他人修改工作表中的内容或者单元格的格式。当我们对工作表设置了保护之后，在默认的情况下，工作表中的所有单元格都处于锁定的状态，他人便无法更改单元格。下面我们就来学习如何对工作表设置保护：

选中需要保护的工作表，单击"审阅"选项卡下"保护"分组中的"保护工作表"，在弹出的对话框中勾选"保护工作表及锁定的单元格内容"复选框。在"允许此工作表的所有用户进行"的选项中，勾选允许用户操作的选项，然后输入密码（防止他人取消对工作表的保护），点击确定按钮。如图 1-26 所示。

如果想要取消对工作表的保护，点击"审阅"选项卡下"保护"分组中的"撤销工作表保护"，输入保护密码即可取消保护。

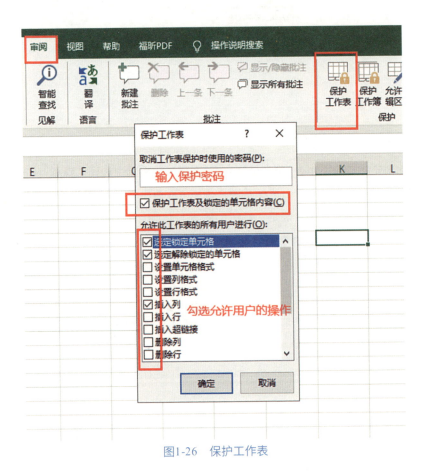

图1-26　保护工作表

# 1.3　多窗口的视图控制

## 1.3.1　新建窗口、冻结窗口

当我们需要对多个工作簿的内容进行比较时，就可以使用 Excel 的"拆分"功能。该功能既可以同屏幕查看同一工作簿中的不同之处，又可以比较多个工作簿间的不同之处。下面来看具体操作：

打开工作簿，单击"视图"选项卡下"窗口"分组中的"新建窗口"按钮，这时，Excel 自动创建一个与当前工作簿相同的窗口。在"窗口"分组中找到"全部重排"，选择排列的方式，包括平铺、水平并排、垂直并排和层叠选项，选择好排列方式以后点击"确定"即可。图 1-27 是水平并排的示意图。

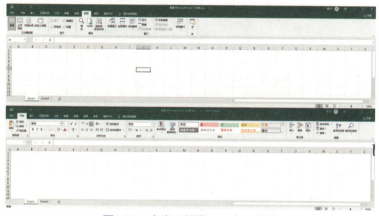

图1-27　多窗口视图——水平并排

单击"视图"选项卡下"窗口"分组中的"冻结窗格"按钮，可以让选中的行和列始终保持可见，滚动鼠标时不受影响，具体操作步骤如下：

点击"冻结窗格"下拉按钮，选择"冻结窗格"选项。如果需要取消冻结窗格，采用相同的操作，选择"取消冻结窗格"选项即可。如图 1-28 所示。

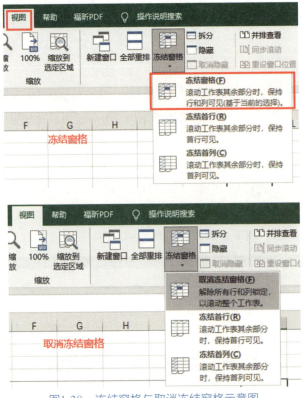

图1-28　冻结窗格与取消冻结窗格示意图

### 1.3.2　拆分窗口

选中某个单元格，点击"拆分"按钮，当前工作表会以选中的单元格为中心，将窗口分为四个，每个窗口我们都可以编辑。需要取消拆分时，再次点击"拆分"按钮即可。如图 1-29 所示。

图1-29　拆分窗口

### 1.3.3　并排查看

并排查看的效果与"全部重排"中的水平并排效果是一样的，再次点击即可取消并排查看。

## 1.3.4 同步滚动

选择同步滚动时，在并排查看的时候，两个窗口会进行同步显示，再次点击即可取消。如图 1-30 所示。

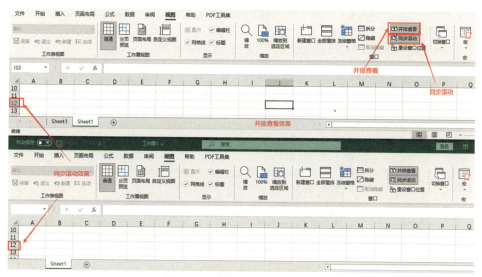

图1-30 并排查看和同步滚动

## 1.3.5 切换窗口

单击"切换窗口"的下拉按钮，选择目标工作簿即可切换。如图 1-31 所示。

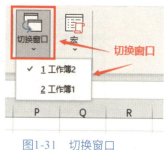

图1-31 切换窗口

# 1.4　行、列和单元格的相关操作

## 1.4.1　行、列的操作

通过前面几节的学习，我们已经对工作簿和工作表有了初步的了解。接下来，我们将学习行、列以及单元格的相关操作。

## 1.4.2　选中一行（列）或者多行（列）

将鼠标移动到工作表最左侧的数字且鼠标变成一个小箭头时，点击鼠标即可选中当前行；按住鼠标左键不松，向上或向下拖动，即可选中多行。如图 1-32 所示。

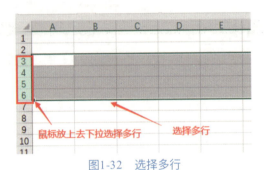

图1-32　选择多行

选择列和选择行的操作类似，将鼠标移动到工作表上方的字母区域，点击鼠标即可选中当前列；按住鼠标左键不松向左或向右拖动，即可选中多列。如图 1-33 所示。

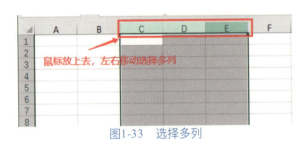

图1-33　选择多列

## 1.4.3　删除一行（列）或者多行（列）

当需要删除整行或者整列的数据时，应先选中需要删除的行或者列，点击鼠标右键，然后点击"删除"即可；或者选中需要删除的行或者列，点击"开始"选项卡下"单元格"分组中"删除"的下拉按钮，根据需要选择需要删除的选项即可。

如图 1-34 所示。

图1-34 删除行或列

## 1.4.4 插入空白行或列

如果需要在两行之间插入空白行，选中目标行后单击右键，点击"插入"即可插入空白行；如果需要插入多列（行），可以选中多个目标列（行），执行上述插入操作。如图 1-35 所示。

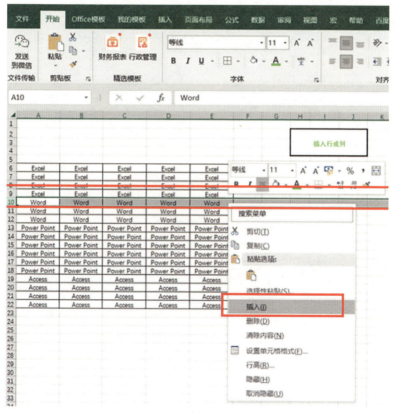

图1-35 插入行或列

### 1.4.5　设置行高和列宽

　　设置行高时,将鼠标移动到最左侧的数字区域,单击鼠标右键,选择"行高"命令,在弹出的对话框中输入行高即可。设置列宽的操作方法与设置行高类似。如图 1-36 所示。

图1-36　设置行高和列宽

　　还有一种方法:选中需要调整的行,将鼠标移动到两行中间的线上,鼠标会变双向箭头,这时,按住鼠标左键向上或向下拖动即可调整行高。如图 1-37 所示。

图1-37　设置行高和列宽

### 1.4.6 调出设置单元格格式的菜单

单元格的格式，在"开始"选项卡下的每一个分组都可以设置。或者在单元格上单击鼠标右键，在弹出的快捷菜单中选择"设置单元格格式"命令即可。如图1-38、图1-39所示。

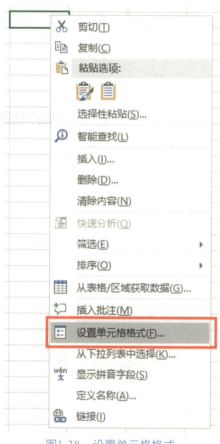

图1-38 设置单元格格式

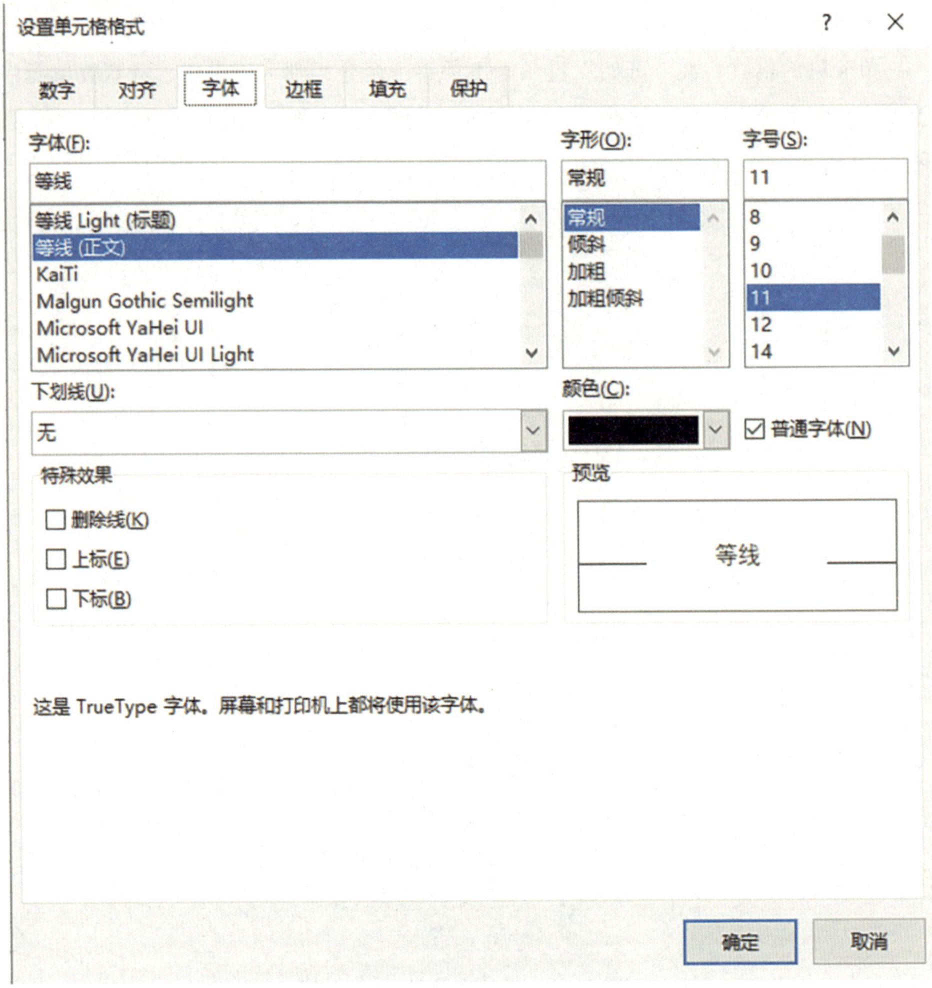

图1-39  设置单元格格式

## 1.4.7  单元格格式的使用

为了让工作表数据具有可读性，Excel 为我们提供了格式化单元格的相关功能。最常用的单元格格式有：字体、对齐方式、边框、背景色和保护方式。

### 1.字体

通过"开始"选项卡下的"字体"分组，即可设置单元格中的字体。如图 1-40 所示。或者单击鼠标右键，在弹出的快捷菜单中的"设置单元格格式"中设置字体。如图 1-41 所示。

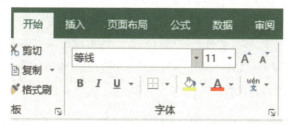

图1-40　设置字体

设置字体包括设置字形、字号、下划线、字体颜色和特殊效果等。这里就不一一介绍了。

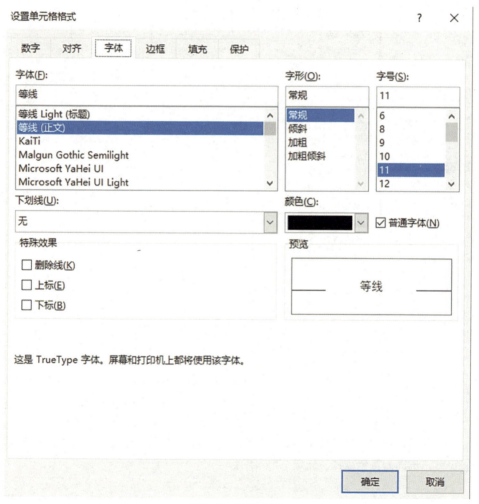

图1-41　设置字体

### 2.对齐方式

　　Excel 的对齐方式有水平对齐和垂直对齐，还可设置文本的显示方向以及文字方向等。水平对齐和垂直对齐又分为很多种，我们可以根据需要选择合适的对齐方式。图 1-42 为对齐方式设置。

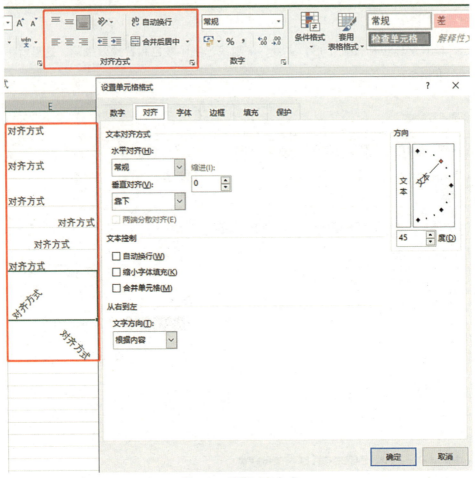

图1-42　设置对齐方式

### 3.设置边框

　　在单元格格式的边框选项中，可以调整单元格边框的显示方式、边框的线条样式以及边框的颜色等属性。如图 1-43 所示。

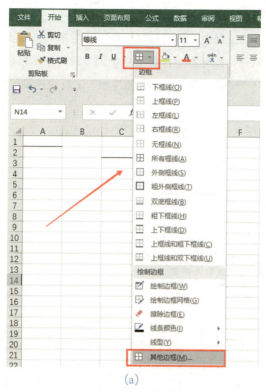

(a)

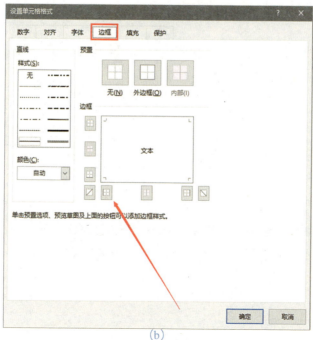

(b)

图1-43 设置边框

### 4.设置背景色

在设置单元格格式过程中，我们可以根据需要为单元格设置颜色或图案，如图1-44 所示。除了可以使用鼠标右键快捷菜单中的"设置单元格格式"外，还可以使用"开始"选项卡中"字体"分组里的"油漆桶"工具快速设置单元格背景色。

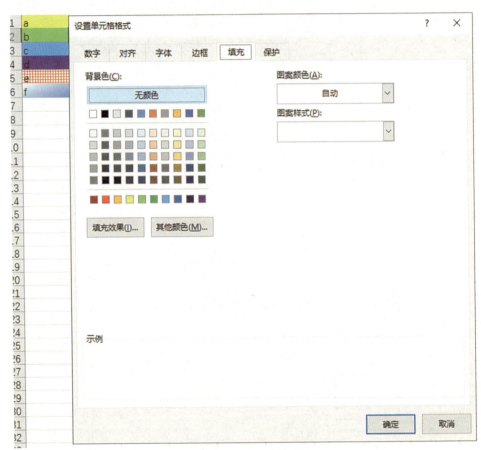

图1-44　设置单元格背景色

### 5.保护方式

设置单元格格式也可以设置保护和隐藏，但需要注意的是：只有设置了"保护工作表"后，才可以使用单元格的"锁定"和"隐藏"属性。如图 1-45 所示。

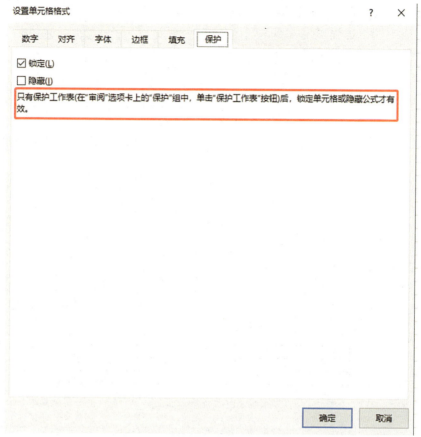

图1-45　设置单元格保护方式

## 1.4.8　合并单元格

当我们需要将多个单元格合并成一个单元格的时候，就要用到合并单元格的功能了。具体操作步骤如下：

单击"开始"选项卡下"对齐方式"分组中"合并后居中"的下拉按钮，这个按钮的功能包括合并后居中、跨越合并、合并单元格和取消合并单元格。

### 1.合并后居中

将多个单元格合并成一个单元格，并将单元格中的内容居中显示。如图 1-46、图 1-47 所示。

图1-46　合并后居中

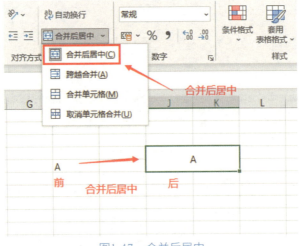

图1-47　合并后居中

### 2.跨越合并

将选中的单元格中相同行的单元格合并成多个大单元格。如图 1-48 所示。

图1-48　跨越合并

### 3.合并单元格

这个功能的作用与合并后居中功能类似，只是合并后的单元格中的内容位置不居中。如图 1-49 所示。

图1-49　合并单元格

### 4.取消合并单元格

将合并的单元格恢复成原来的样子，拆分成小的单元格。如图 1-50 所示。

图1-50　取消合并单元格

说明：若需要取消合并单元格，再次点击原来的按钮即可。

### 1.4.9　使用图形和图片

#### 1.插入图片

当我们需要在 Excel 工作表中插入一张图片时，只需要在"插入"选项卡下的"插图"分组中点击"图片"，在下拉菜单中选择"此设备"，然后选择需要插入的图片即可。如图 1-51 所示。

图1-51　插入图片

#### 2.调整图片

当我们选中图片的时候，Excel 的功能区多了一个"图片工具"的选项卡，有调整、图片样式、辅助功能、排列、大小五个分组；或者在图片上单击鼠标右键，选择"设置图片格式"，这时，Excel 界面右侧就会弹出对该图片格式的设置选项，有填充与线条、效果、大小与属性、图片四个选项。每个选项下面都对应了修改图片的功能，我们可以使用这些功能对插入的图片进行处理。如图 1-52、图 1-53 所示。

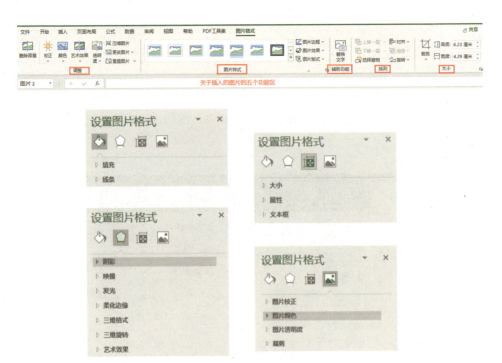

图1-52　设置图片格式

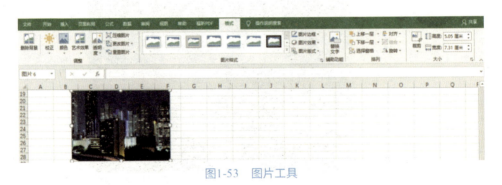

图1-53　图片工具

### 3.插入图形

　　插入图形的操作与插入图片的操作类似。在功能区的"插入"选项卡中,选择"插图"分组,点击"形状",弹出下拉菜单,在下拉菜单中选择需要插入的图形,按住鼠标左键拖动鼠标即可(可以根据需要调整图形的大小和颜色)。如图 1-54、图 1-55 所示。

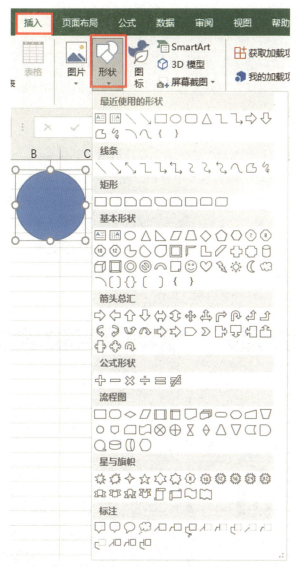

图1-54　插入形状

图1-55　调整图形大小和颜色

# 1.5 页面设置与打印

在 Excel 中，不同的工作表可以设置不同的页面效果，比如设置页边距、纸张方向、纸张大小、背景等。下面我们将学习如何设置 Excel 的页面。

## 1.5.1 设置主题

打开功能区的"页面布局"选项卡，在该选项卡下有主题、页面设置、调整为合适大小、工作表选项、排列这五个分组。设置主题时，我们只需要使用"主题"分组即可。

在"主题"分组下，有主题、颜色、字体、效果四个功能按钮，主题按钮的作用是让文档设置合适的个人风格。每个主题使用一组独特的颜色、字体和效果来打造一致的外观。当然，我们也可以根据自己的需要设置颜色、字体和效果，打造一套属于我们自己的 Excel 外观风格。如图 1-56 所示。

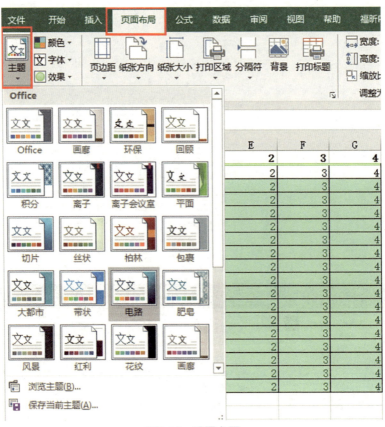

图1-56 设置主题

## 1.5.2 页面设置

点击"页面布局"选项卡下"页面设置"分组中右下角的箭头，这时，会弹出页面设置对话框，上面有四个选项卡，包括：页面、页边距、页眉 / 页脚、工作表。在"页面"选项卡下，可以设置纸张的方向为纵向或横向以及缩放比例、纸张大小、打印质量等。设置完后，点击打印预览，然后就能看到当前设置的页面。如设置一个纸张为横向、缩放比例为 90%，纸张大小为 A4 的页面。图 1-57、图 1-58 为页面设置内容和打印预览效果。

图1-57　页面设置

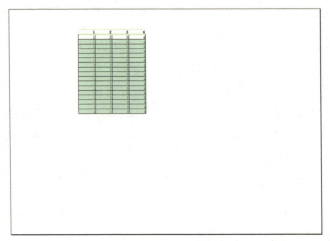

图1-58　打印预览效果

### 1.5.3　设置页边距

页边距是指页面内容到纸张边框的距离,我们可以根据需要进行调整。打开"页面设置"对话框,点击"页边距",将其调整为上 0.7、下 0.2、左 0.5、右 0.8,居中方式为水平。设置页边距及设置后的效果和常规页边距的效果如图 1-59、图 1-60、图 1-61 所示。

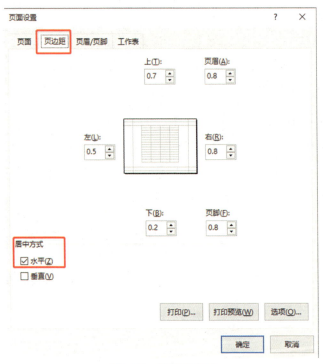

图1-59　设置页边距

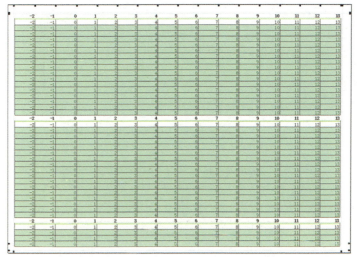

图1-60　自定义页边距效果图

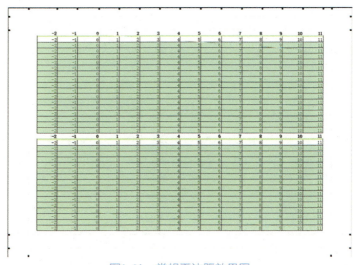

图1-61　常规页边距效果图

### 1.5.4　设置页眉 / 页脚

　　每一页正文上方的范围叫作页眉，下方的范围叫作页脚，页码是页脚的一部分。下面我们学习如何设置页眉 / 页脚。

　　打开"页面设置"对话框，点击"页眉 / 页脚"选项卡，当然，我们可以直接使用系统内置的页眉和页脚，也可以自定义页眉 / 页脚。图 1-62、图 1-63 为设置页眉 / 页脚的界面及设置后的效果图。

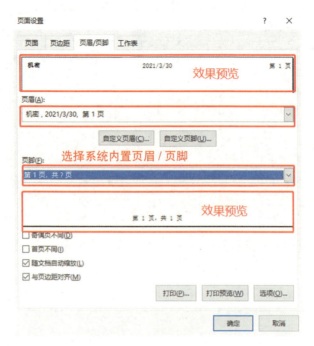

图1-62  设置页眉/页脚

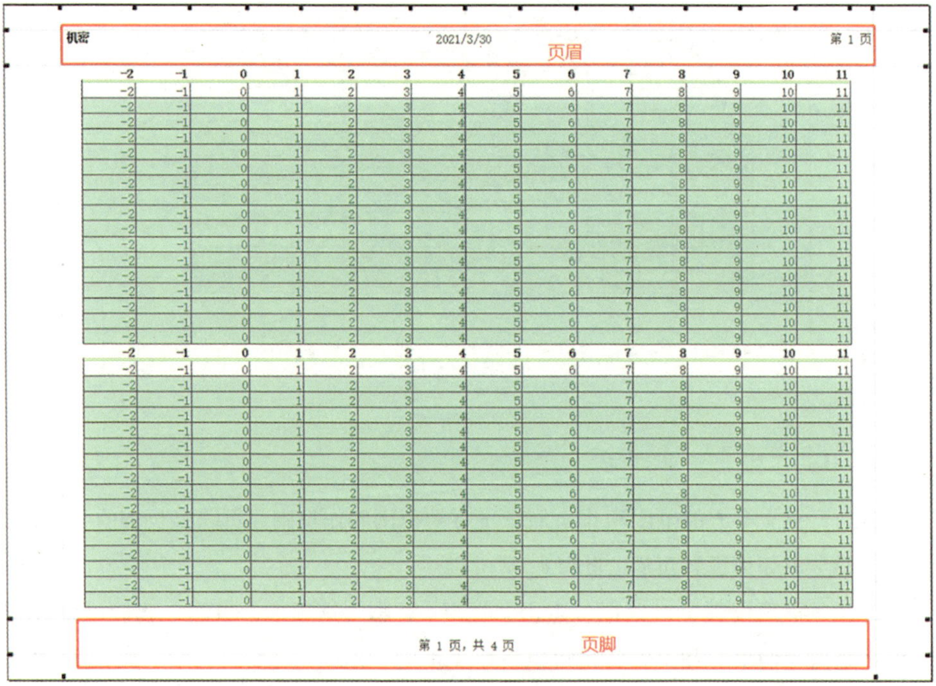

图1-63  页眉/页脚页面预览图

### 1.5.5　设置工作表

"页面设置"中的"工作表"选项，可以设置打印格式，限定打印区域，设置打印标题、网格线、注释和打印顺序等。

点击打印区域右侧的箭头，然后在工作表中拖动鼠标，选择需要打印的区域便可以设置打印区域；设置打印顶端标题行与设置打印区域的操作一致，不过，这里只需要选择标题行即可。我们可以选择打印网格线并显示注释，设置打印顺序为先行后列（默认是先列后行）。图 1-64、图 1-65 为设置参数及效果图。

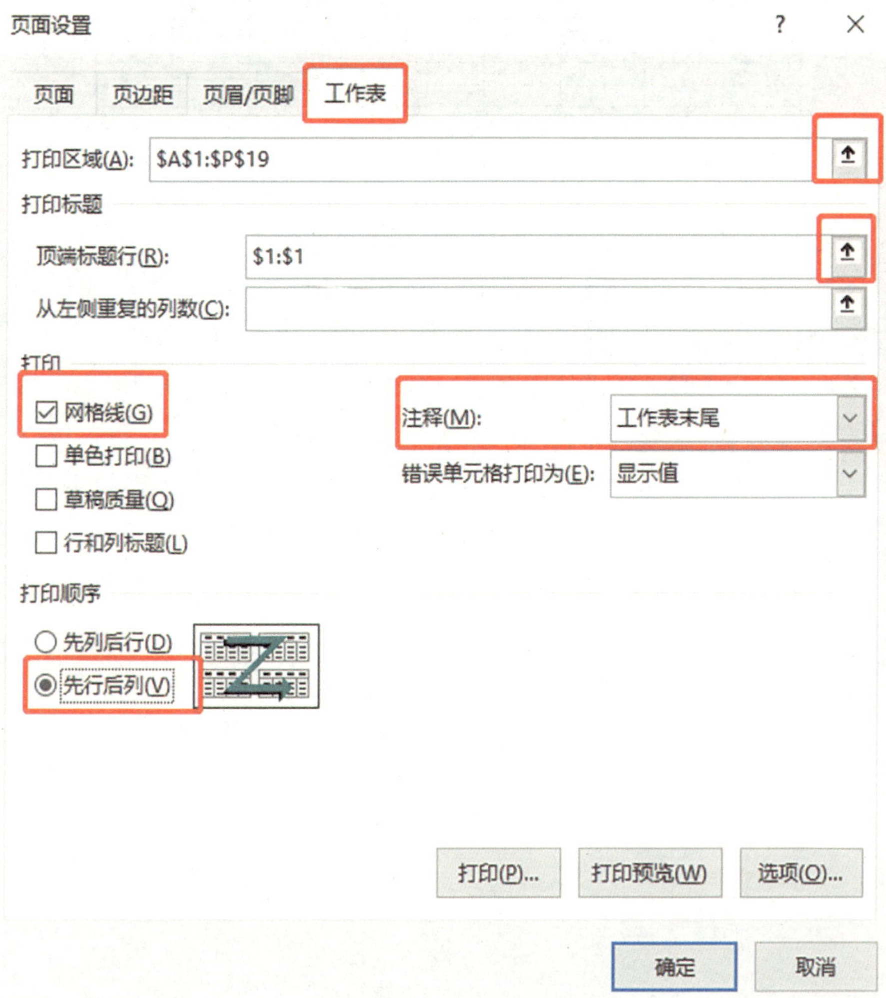

图1-64　设置参数

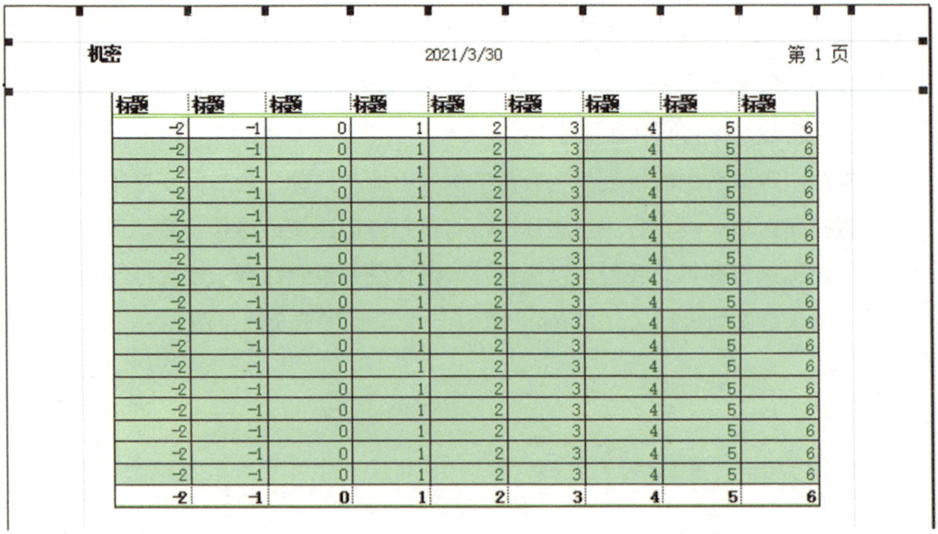

机密
2021/3/30
第 1 页


| 标题 | 标题 | 标题 | 标题 | 标题 | 标题 | 标题 | 标题 | 标题 |
|---|---|---|---|---|---|---|---|---|
| -2 | -1 | 0 | 1 | 2 | 3 | 4 | 5 | 6 |
| -2 | -1 | 0 | 1 | 2 | 3 | 4 | 5 | 6 |
| -2 | -1 | 0 | 1 | 2 | 3 | 4 | 5 | 6 |
| -2 | -1 | 0 | 1 | 2 | 3 | 4 | 5 | 6 |
| -2 | -1 | 0 | 1 | 2 | 3 | 4 | 5 | 6 |
| -2 | -1 | 0 | 1 | 2 | 3 | 4 | 5 | 6 |
| -2 | -1 | 0 | 1 | 2 | 3 | 4 | 5 | 6 |
| -2 | -1 | 0 | 1 | 2 | 3 | 4 | 5 | 6 |
| -2 | -1 | 0 | 1 | 2 | 3 | 4 | 5 | 6 |
| -2 | -1 | 0 | 1 | 2 | 3 | 4 | 5 | 6 |
| -2 | -1 | 0 | 1 | 2 | 3 | 4 | 5 | 6 |
| -2 | -1 | 0 | 1 | 2 | 3 | 4 | 5 | 6 |
| -2 | -1 | 0 | 1 | 2 | 3 | 4 | 5 | 6 |
| -2 | -1 | 0 | 1 | 2 | 3 | 4 | 5 | 6 |
| -2 | -1 | 0 | 1 | 2 | 3 | 4 | 5 | 6 |
| -2 | -1 | 0 | 1 | 2 | 3 | 4 | 5 | 6 |
| -2 | -1 | 0 | 1 | 2 | 3 | 4 | 5 | 6 |
| **-2** | **-1** | **0** | **1** | **2** | **3** | **4** | **5** | **6** |

图1-65　效果图

**小技巧：**

1. 将鼠标移动到选项卡的任意一个分组内的按钮上，停留 3~5 秒，就会显示这个按钮的名称、功能和使用介绍。

2. 在选项卡的分组区域右下角有一个朝下的箭头，点击就会出现该分组的详细设置界面。

3. 在设置完页面后，Excel 工作表中会出现虚线，这个虚线就是当前设置的页面效果。

**第 2 章**

# 表格数据的录入

## 2.1 表格数据录入

### 2.1.1 手动录入数据

新建一个 Excel 工作簿，单击需要输入数据的单元格，即可通过键盘完成数据的输入。通过键盘上的 Tab 键可以实现单元格的跳转，也可以使用方向键跳转单元格。如图 2-1 所示。

| | A | B | C | D |
|---|---|---|---|---|
| 1 | 姓名 | 性别 | 班级 | 年龄 |
| 2 | 张三 | 男 | 九年二班 | 18 |
| 3 | 李四 | 女 | 八年二班 | 17 |

图2-1　手动录入数据

### 2.1.2 快速输入特定数据

当我们需要输入大量重复的数据时，将鼠标移动到单元格的右下角，鼠标指针变成黑色加粗的"十字"时，按住鼠标左键向下拖动，即可完成自动填充。如自动填充序号：先在单元格中输入 1，将鼠标移动到单元格的右下角，鼠标指针变成黑色加粗的"十字"时，按住鼠标左键向下拖动，会出现标识 ，点击后弹出菜单，选择"填充序列"，即可完成填充。如图 2-2 所示。

在快速填充的选项中，有复制单元格、填充序列、仅填充格式、不带格式填充和快速填充五个选项。下面分别对以上选项进行介绍。

图2-2　自动填充序号

### 1.复制单元格

需要使用快速填充时，我们拖动鼠标就会默认选择复制单元格选项，也就是将这个单元格的格式和内容复制到拖动后的单元格中，所有内容、格式与原单元格相同。如图2-3所示。

图2-3　复制单元格　　　　图2-4　填充序列

### 2.填充序列

在进行有规律的填充时，选择填充序列，如1、2、3、4、5……又如甲、乙、丙、丁……再如A、B、C……，等等，都可以使用填充序列的方式快速完成数据录入。如图2-4所示。

### 3.仅填充格式

设置好单元格格式以后，后面的格式只要与这个单元格的格式相同即可。此时，我们就可以使用"仅填充格式"选项了。如图2-5所示。

### 4.不带格式填充

"不带格式填充"与"仅填充格式"两个功能正好相反。不带格式填充是将内容复制到单元格中，但原单元格格式全部失效。如图2-6所示。

图2-5　仅填充格式　　　　图2-6　不带格式填充

### 5.快速填充

快速填充可以根据自己输入的内容自动识别填充，比如将第一列姓名的姓氏填充到第二列中，可以将第一个单元格"张三"中的"张"字填入第二列对应的单元格中，然后按住鼠标左键拖动到"花荣"对应的第二列单元格中，选择"快速填充"即可。如图2-7所示。

图2-7 快速填充

## 2.1.3 数据导入

Excel具有数据导入的功能，也就是从别的表格文件中导入数据，避免重复复制粘贴的操作。通过 Excel 工作表的"数据"选项卡下的"获取和转换数据"分组，可以将其他文件中的数据导入当前工作表中，如可以导入工作簿、文本/CSV、XML、JSON、数据库文件等。图 2-8 为从工作簿导入数据操作的步骤。

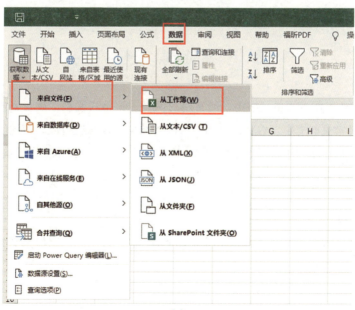

(a)

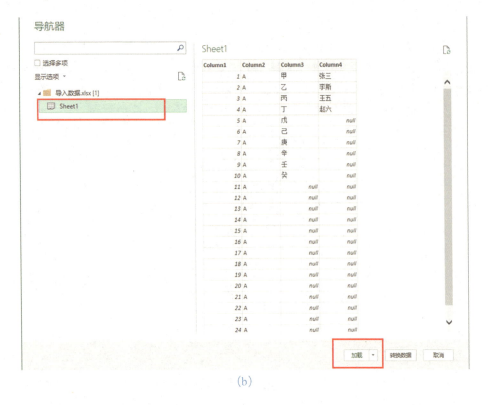

(b)

图2-8　从工作簿导入数据

## 2.2　数据输入技巧

在 Excel 工作表的单元格中，最常用的两种数据格式就是常数与公式。在日常工作中，最常见的文字、数字、日期和时间等数据，以及逻辑值、错误值都属于常数的范畴，而且每一种都有特定的格式和输入方法。除了最基本的常规输入方法外，掌握一些输入技巧，对于提高工作效率而言尤其重要。

### 2.2.1　输入以"0"开头的数据

在一些特殊的表格中，需要在序号前面加"0"，如"001"，但是受到单元格格式的限制，显示结果通常为"1"，如图 2-9 所示。

图2-9 以"0"开头的数据以及通常显示的结果

如果当前编辑的工作表中，只有少数的单元格需要保留"0"，这时，在输入数据前加一个单引号就可以帮助我们解决这个问题了。但如果有大量的数据需要保留数据开头的"0"，这样做显然效率不高。我们可以将需要输入编号的单元格区域的单元格格式设置成"文本"。具体操作如图 2-10 所示。

图2-10 设置单元格格式

然后，在数字正下方的"分类"中，选择"文本"。如图 2-11 所示。

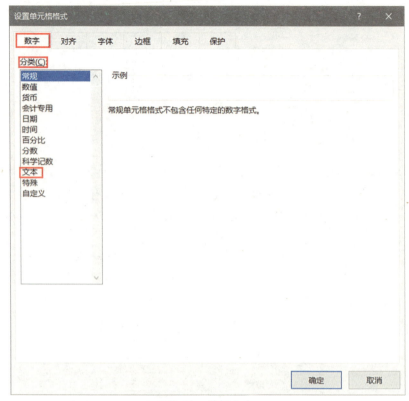

图2-11 选择文本

单击“确定”完成设置后，再次输入带“0”的序号。显示结果如图 2-12 所示。

| | A | B | C | D | E | F | G |
|---|---|---|---|---|---|---|---|
| 1 | 2020年产品销售业绩表 | | | | | | |
| 2 | 序号 | 产品类别 | 客户 | 第 1 季度 | 第 2 季度 | 第 3 季度 | 第 4 季度 |
| 3 | 001 | 办公用品 | ANTON | ¥ - | ¥ 702.00 | ¥ - | ¥ - |
| 4 | 002 | 办公用品 | BERGS | ¥ 312.00 | ¥ - | ¥ - | ¥ - |
| 5 | 003 | 办公用品 | BOLID | ¥ - | ¥ - | ¥ - | ¥1,170.00 |
| 6 | 004 | 电器产品 | BOTTM | ¥1,170.00 | ¥ - | ¥ - | ¥ - |
| 7 | 005 | 电器产品 | ERNSH | ¥1,123.20 | ¥ - | ¥ - | ¥2,607.15 |
| 8 | 006 | 电器产品 | GODOS | ¥ - | ¥ 280.80 | ¥ - | ¥ - |
| 9 | 007 | 电器产品 | HUNGC | ¥ 62.40 | ¥ - | ¥ - | ¥ - |
| 10 | 008 | 电器产品 | PICCO | ¥ - | ¥1,560.00 | ¥ 936.00 | ¥ - |
| 11 | 009 | 电器产品 | RATTC | ¥ - | ¥ 592.80 | ¥ - | ¥ - |
| 12 | 010 | 电器产品 | REGGC | ¥ - | ¥ - | ¥ - | ¥ 741.00 |
| 13 | 011 | 办公用品 | SAVEA | ¥ - | ¥ - | ¥3,900.00 | ¥ 789.75 |
| 14 | 012 | 办公用品 | SEVES | ¥ - | ¥ 877.50 | ¥ - | ¥ - |
| 15 | 013 | 办公用品 | WHITC | ¥ - | ¥ - | ¥ - | ¥ 780.00 |
| 16 | 014 | 办公用品 | ALFKI | ¥ - | ¥ - | ¥ - | ¥ 60.00 |

图2-12 完成设置后的显示结果

### 2.2.2　输入身份证号或者长编码

一般而言，在工作表中，默认的单元格格式为"常规"。如果我们输入的数字超过 12 位，就会以科学记数的方式显示，身份证号通常为 15 位或者 18 位数字，显示结果往往如图 2-13 所示。

| | A | B | C | D |
|---|---|---|---|---|
| 1 | 序号 | 参赛者 | 联系电话 | 身份证号码 |
| 2 | 1 | 庄美尔 | 1309****111 | 3.70921E+17 |
| 3 | 2 | 廖瞿 | 1595****277 | 3.7083E+17 |
| 4 | 3 | 陈晓 | 1510****900 | 3.70123E+17 |

图2-13　身份证号显示结果

这样的显示结果不利于我们读取信息，我们可以通过修改单元格格式的方法解决这个问题：选中身份证号码列，在"开始"选项卡下的"数字"组中单击"数字格式"下拉按钮，在打开的下拉列表中选择"文本"，即可更改数字格式为文本格式。如图 2-14 所示。

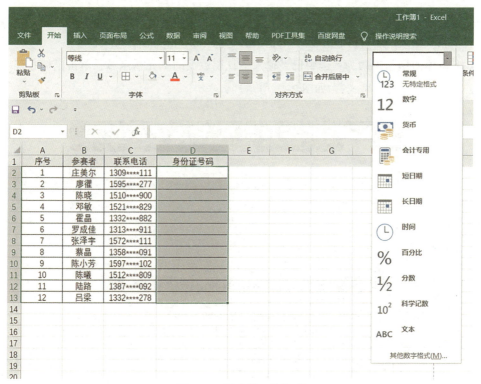

图2-14　更改单元格格式

在设置"文本"格式的单元格内输入身份证号码后，即可显示完整的身份证号码。如图 2-15 所示。

| | A | B | C | D |
|---|---|---|---|---|
| 1 | 序号 | 参赛者 | 联系电话 | 身份证号码 |
| 2 | 1 | 庄美尔 | 1309****111 | 340103******2324 |
| 3 | 2 | 廖㦎 | 1595****277 | 340113********8229 |
| 4 | 3 | 陈晓 | 1510****900 | 340120*******2528 |
| 5 | 4 | 邓敏 | 1521****829 | 340103*******0123 |
| 6 | 5 | 霍晶 | 1332****882 | 340103*******1112 |
| 7 | 6 | 罗成佳 | 1313****911 | 340123*******1928 |
| 8 | 7 | 张泽宇 | 1572****111 | 340133*******2212 |
| 9 | 8 | 蔡晶 | 1358****091 | 340103*******5654 |
| 10 | 9 | 陈小芳 | 1597****102 | 340123*******2526 |
| 11 | 10 | 陈曦 | 1512****809 | 340123*******9012 |
| 12 | 11 | 陆路 | 1387****092 | 340123*******2225 |
| 13 | 12 | 吕梁 | 1332****278 | 340104*******0527 |

图2-15　完整显示结果

## 2.2.3　快速输入规范的日期

在输入日期的数据时，需要以程序可以识别的日期格式输入，如"17-7-2""17/7/2""1-2"（省略年份默认为本年）等。如果想用其他样式的日期，需先按照以上格式输入，然后再通过设置单元格格式使其显示相应的格式。

具体的操作步骤为：选中已经输入了日期数据的单元格区域，单击鼠标右键，点击"设置单元格格式"。如图 2-16 所示。

图2-16　选中单元格区域

　　然后选择"数字"标签,在"分类"列表中选择"日期"类别,之后在右侧的"类型"列表中选择需要的日期格式。如图 2-17 所示。

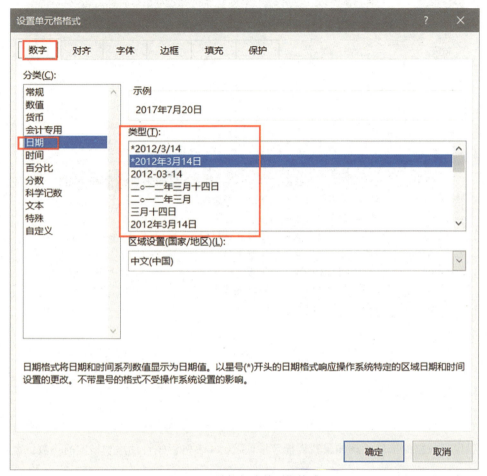

图2-17　选择相应的日期格式

　　最后单击"确定"按钮,可以看到选中的单元格区域中的日期数据显示为指定的格式。如图 2-18 所示。

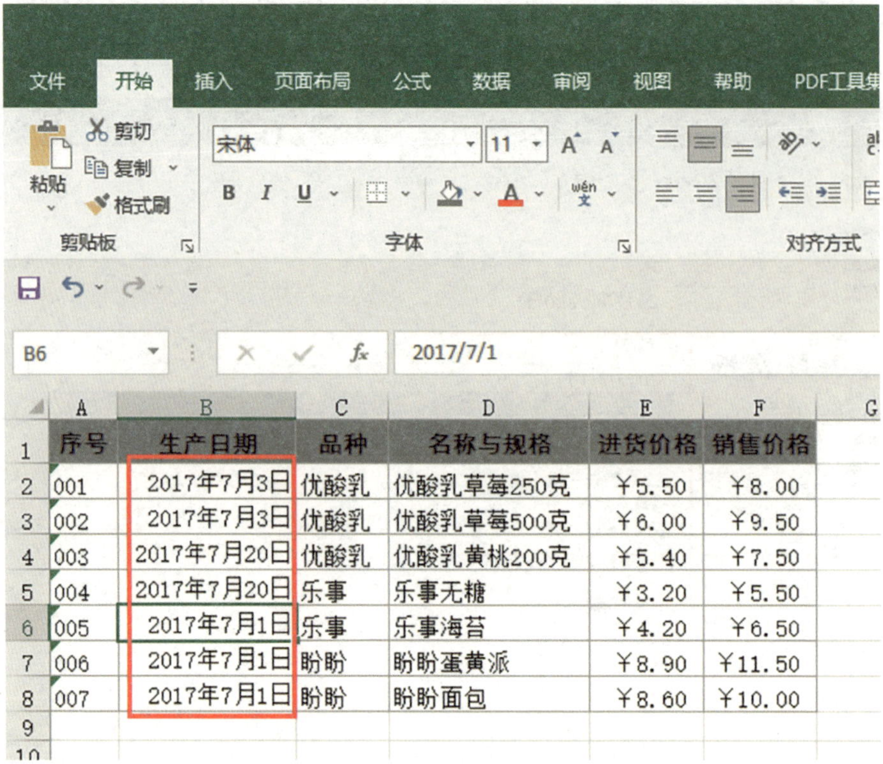

图2-18 显示相应的日期格式

## 2.2.4 自动添加小数位数

面临成绩、数额、得分等精细数据时，输入的数据往往需要保留若干位小数，以保证数据的准确性。如果我们能掌握使 Excel 表格程序自动添加指定的小数位数的技巧，将会提高此类工作的效率。操作步骤如下：

单击左上角"文件"菜单项，在弹出的下拉菜单中单击"选项"命令，打开"Excel 选项"对话框，单击"高级"选项卡，在右侧的"编辑"选项中勾选"自动插入小数点"复选项，之后在下方的"位数"数值框中设置需要的小数位数，以"2"为例，过程如图 2-19 所示。

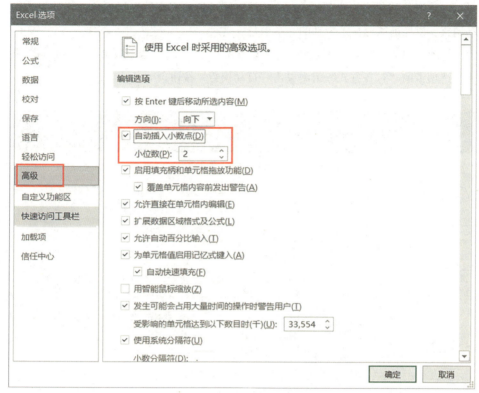

图2-19 设置自动添加小数位数

　　设置完成后，在 C2~C6 单元格中输入数据，即可返回两位小数的数据。如图 2-20 所示。

图2-20 自动添加小数位数

## 2.2.5 自动换行

　　当输入的文本数据过长时，因单元格宽度的限制，可能导致文本内容无法全部显示。这时，我们可以设置"自动换行"，使过长的文本数据根据单元格的宽度自动调整，以保证能够显示全部的文本信息。

如图 2-21 所示，在 C3 单元格中，若要解决这个问题，先选中该单元格，然后在"开始"选项卡的"对齐方式"组中单击"自动换行"按钮。

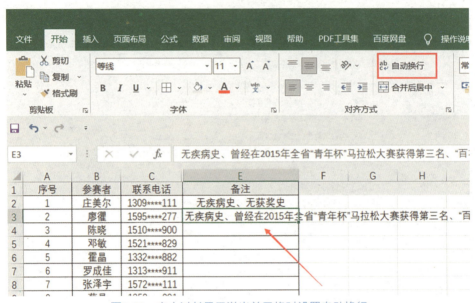

图2-21 文本过长显示溢出单元格时设置自动换行

上述操作完成之后，可以看到单元格内的长文本会根据列宽自动换行显示，如图 2-22 所示。

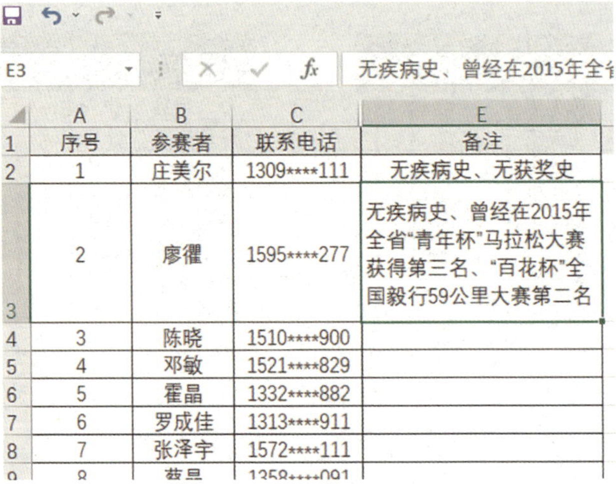

图2-22 实现自动换行功能

### 2.2.6　输入时在指定位置强制换行

使用"自动换行"功能时，列宽必须符合条件才能执行。如果需要在指定的位置实现换行，可以通过使用"Alt+Enter"快捷键实现。具体操作步骤如下：

双击 C3 单元格并将光标定位至最后一个文字后面，如图 2-23 所示，然后按下"Alt+Enter"组合键强制换行，如图 2-24 所示，之后在下一行输入剩余的文本信息即可，如图 2-25 所示。

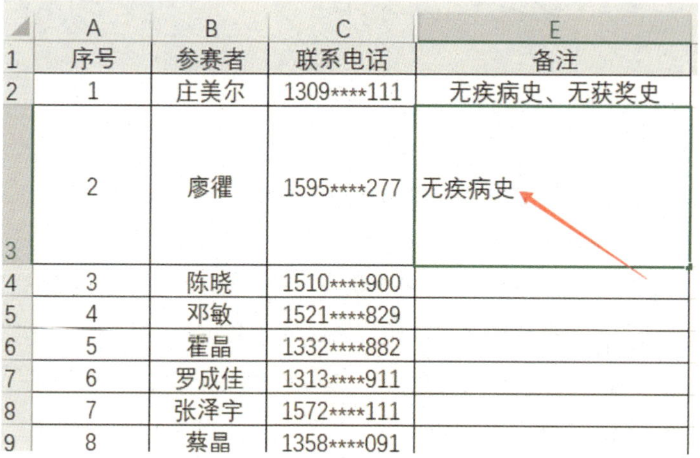

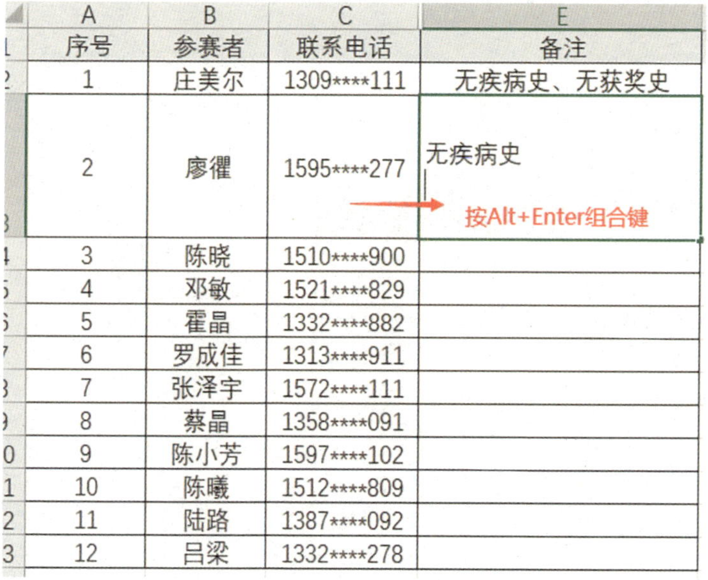

图2-23　定位光标

图2-24　使用组合键强制换行

| 序号 | 参赛者 | 联系电话 | 备注 |
|---|---|---|---|
| 1 | 庄美尔 | 1309****111 | 无疾病史、无获奖史 |
| 2 | 廖瞿 | 1595****277 | 无疾病史<br>曾经在2015年全省"青年杯"马拉松大赛获得第三名、"百花杯"全国毅行59公里大赛第二名 |
| 3 | 陈晓 | 1510****900 | |
| 4 | 邓敏 | 1521****829 | |
| 5 | 霍晶 | 1332****882 | |
| 6 | 罗成佳 | 1313****911 | |

图2-25　执行强制换行操作后的效果

### 2.2.7　快速输入大量的负数

如果要在 Excel 表格中输入大量的负数，可以按照常规方式输入正数，然后按照如下方法将其一次性转换为负数形式：

输入正数之后，还需要输入一个辅助数字"-1"。选中其所在的单元格，按"Ctrl+C"快捷键复制，选中需要转换成负数的单元格区域，单击"开始"选项卡下"剪贴板"分组中"粘贴"的下拉按钮，在打开的下拉列表中选择"选择性粘贴"，打开"选择性粘贴"对话框。如图 2-26 所示。

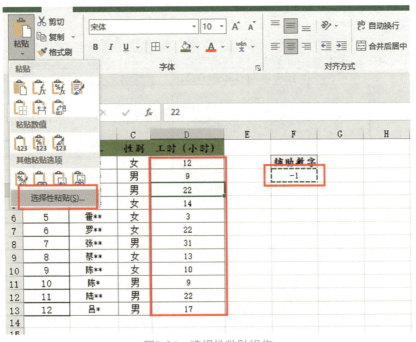

图2-26　选择性粘贴操作

在"运算"选项栏中单击选中"乘"，然后点击"确定"。如图2-27所示。

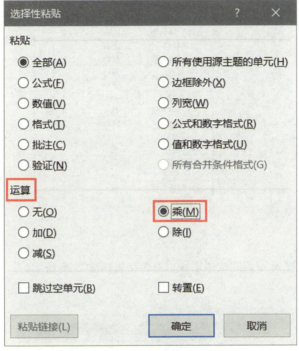

图2-27 选择运算"乘"

## 2.2.8 快速填充递增序号

快速填充递增序号有两种方法：第一种，输入单个数据，使用"自动填充选项"列表中的"填充序列"实现自动填充；第二种，输入两个数据，拖动鼠标实现填充。

先在 A2 单元格输入序号"1"，移动鼠标至 A2 单元格右下角，待鼠标指针变成黑色十字形时，按住鼠标左键不松同时向下拖动实现填充。如图 2-28 所示。

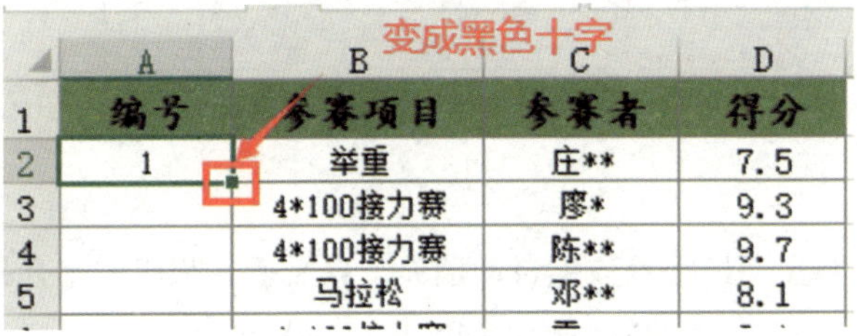

图2-28 拖动鼠标至单元格右下角

点击右下角出现的"自动填充选项"按钮，并在下拉列表中选择"填充序列"。如图 2-29 所示。

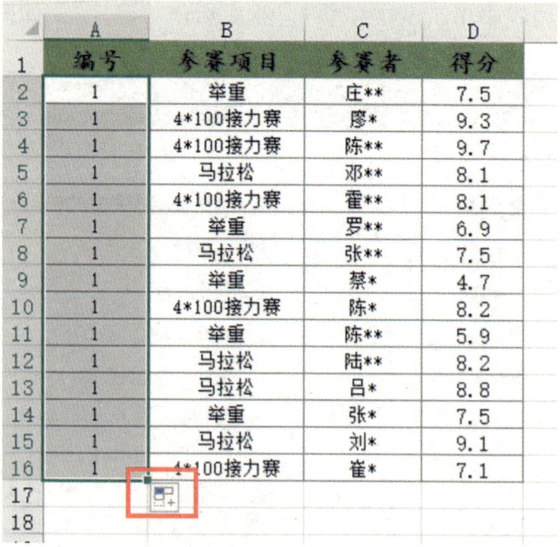

| 编号 | 参赛项目 | 参赛者 | 得分 |
|---|---|---|---|
| 1 | 举重 | 庄** | 7.5 |
| 1 | 4*100接力赛 | 廖* | 9.3 |
| 1 | 4*100接力赛 | 陈** | 9.7 |
| 1 | 马拉松 | 邓** | 8.1 |
| 1 | 4*100接力赛 | 霍** | 8.1 |
| 1 | 举重 | 罗** | 6.9 |
| 1 | 马拉松 | 张** | 7.5 |
| 1 | 举重 | 蔡* | 4.7 |
| 1 | 4*100接力赛 | 陈* | 8.2 |
| 1 | 举重 | 陈** | 5.9 |
| 1 | 马拉松 | 陆** | 8.2 |
| 1 | 马拉松 | 吕* | 8.8 |
| 1 | 举重 | 张* | 7.5 |
| 1 | 马拉松 | 刘* | 9.1 |
| 1 | 4*100接力赛 | 崔* | 7.1 |

图2-29 选择填充序列

之后便可以看到 A 列完成了增序填充，结果如图 2-30 所示。

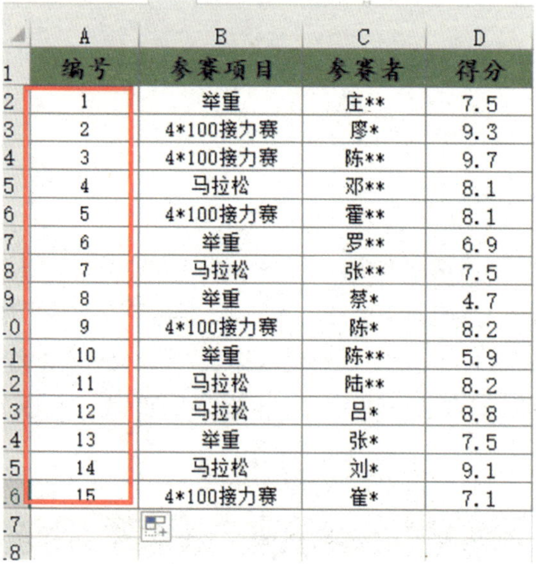

| 编号 | 参赛项目 | 参赛者 | 得分 |
|---|---|---|---|
| 1 | 举重 | 庄** | 7.5 |
| 2 | 4*100接力赛 | 廖* | 9.3 |
| 3 | 4*100接力赛 | 陈** | 9.7 |
| 4 | 马拉松 | 邓** | 8.1 |
| 5 | 4*100接力赛 | 霍** | 8.1 |
| 6 | 举重 | 罗** | 6.9 |
| 7 | 马拉松 | 张** | 7.5 |
| 8 | 举重 | 蔡* | 4.7 |
| 9 | 4*100接力赛 | 陈* | 8.2 |
| 10 | 举重 | 陈** | 5.9 |
| 11 | 马拉松 | 陆** | 8.2 |
| 12 | 马拉松 | 吕* | 8.8 |
| 13 | 举重 | 张* | 7.5 |
| 14 | 马拉松 | 刘* | 9.1 |
| 15 | 4*100接力赛 | 崔* | 7.1 |

图2-30 增序填充

该方法也能够实现按等差数列自动填充，只需要在相应的单元格区域输入两个相邻的数据，Excel 即可按照对应的规律实现自动填充。

我们先在 A2 单元格中输入数字“2”，在 A3 单元格中输入数字“8”，使其实现公差为 6 的自动填充。这时，我们需要同时选中 A2 与 A3 单元格区域，然后将鼠标移动至该单元格区域的右下角，待鼠标指针变成黑色十字形后，拖动完成填充。具体的操作参考上文，即可得到等差数列填充。如图 2-31 所示。

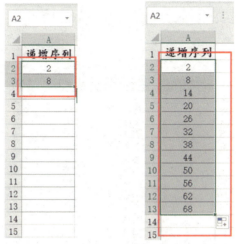

图2-31 等差数列填充

## 2.2.9 在不相邻的单元格中输入相同的数据

需要在不相邻的多个单元格内填充相同的数据时，可以配合 Ctrl 键实现。先选中相同数据的单元格，因为它们是不相邻的单元格，所以需要按住 Ctrl 键不松，使用鼠标依次单击，然后将光标定位到编辑栏内，输入数据，如图 2-32 所示。

| | A | B | C | D |
|---|---|---|---|---|
| 1 | 编号 | 参赛项目 | 参赛者 | 得分 |
| 2 | 1 | 举重 | 庄** | 7.5 |
| 3 | 2 | 4*100接力赛 | 廖* | 9.3 |
| 4 | 3 | 4*100接力赛 | 陈** | 9.7 |
| 5 | 4 | 马拉松 | 邓** | 8.1 |
| 6 | 5 | 4*100接力赛 | 霍** | 8.1 |
| 7 | 6 | 举重 | 罗** | 6.9 |
| 8 | 7 | 马拉松 | 张** | 7.5 |
| 9 | 8 | 举重 | 蔡* | 4.7 |
| 10 | 9 | | 陈* | 8.2 |
| 11 | 10 | 举重 | 陈** | 5.9 |
| 12 | 11 | 马拉松 | 陆** | 8.2 |
| 13 | 12 | | 吕* | 8.8 |
| 14 | 13 | 举重 | 张* | 7.5 |
| 15 | 14 | 马拉松 | 刘* | 9.1 |
| 16 | 15 | 4*100接力赛 | 崔* | 7.1 |

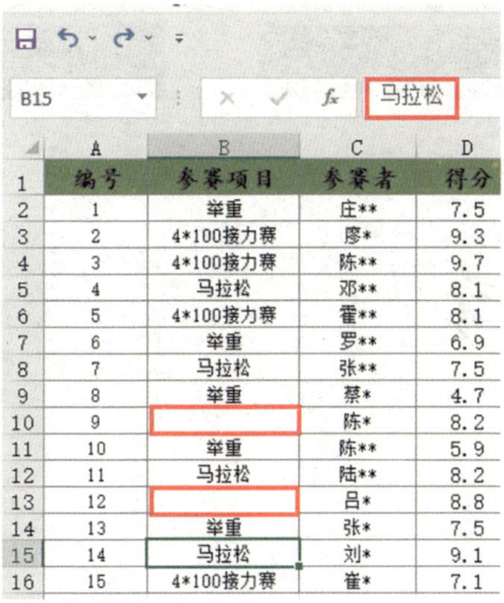

图2-32 选中待填充区域并在编辑栏输入数据

按“Ctrl+Enter”组合键，即可在不相邻的单元格中实现相同内容的填充。如图2-33 所示。

| 编号 | 参赛项目 | 参赛者 | 得分 |
|---|---|---|---|
| 1 | 举重 | 庄** | 7.5 |
| 2 | 4*100接力赛 | 廖* | 9.3 |
| 3 | 4*100接力赛 | 陈** | 9.7 |
| 4 | 马拉松 | 邓** | 8.1 |
| 5 | 4*100接力赛 | 霍** | 8.1 |
| 6 | 举重 | 罗** | 6.9 |
| 7 | 马拉松 | 张** | 7.5 |
| 8 | 举重 | 蔡* | 4.7 |
| 9 | 马拉松 | 陈* | 8.2 |
| 10 | 举重 | 陈** | 5.9 |
| 11 | 马拉松 | 陆** | 8.2 |
| 12 | 马拉松 | 吕* | 8.8 |
| 13 | 举重 | 张* | 7.5 |
| 14 | 马拉松 | 刘* | 9.1 |
| 15 | 4*100接力赛 | 崔* | 7.1 |

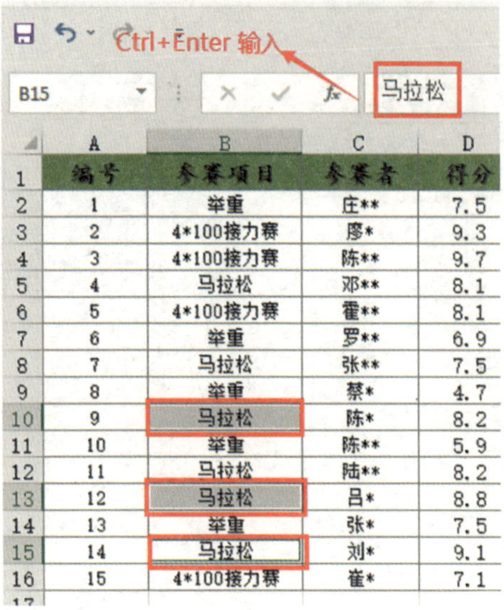

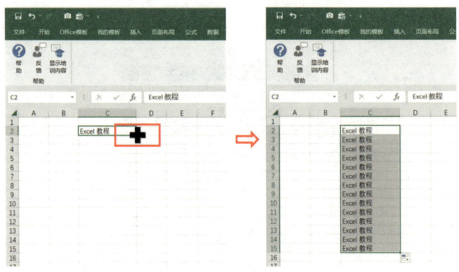

图2-33 使用组合键填充

## 2.2.10 自动填充空白单元格的内容

情形一：向下填充复制的单个活动单元格的内容。

选中活动单元格 C2，将光标移到单元格右下角。当光标显示为实心黑十字时，按住鼠标左键不放并向下推拽，即可完成向下填充复制内容。

图2-34 向下填充复制的单个活动单元格的内容

情形二：不相邻单元格之间的空白单元格填充。

如果需要在空白单元格填充入职时间，选中 B1:E13 并使用"F5"快捷键，弹出"定位"对话框后，点击"定位条件"，选择"空值"，然后点击"确定"。如图 2-35 所示。

图2-35　选择定位条件

这时，Excel 将定位到选中区域的所有空白单元格，输入公式"=B2"，按组合键"Ctrl+Enter"即可。如图 2-36 所示。

图2-36　输入公式后使用组合键填充

## 2.3　设置数据的有效性

数据的有效性主要是对单元格输入的数据进行有效的限制，方便快速录入数据，也可以提高数据的有效性。

在"数据"选项卡下的"数据工具"分组中，点击"数据验证"按钮，就可以设置数据的有效性，也可以设置输入信息和出错警告。

### 2.3.1 设置验证条件

设置的验证条件有很多，包括设置允许整数、允许小数、允许序列、允许日期、允许时间、允许文本长度等，我们可以根据需要设置不同的验证条件，更好地保证数据的有效性。

#### 1.允许整数

设置允许整数，忽略空值。数据可以选择"介于"最小值多少、最大值多少，也可以选择未介于、等于、不等于、大于、小于、大于或等于、小于或等于某个值。图 2-37 设置为允许整数，数据介于 1~100 之间，如果输入不在该范围内的整数，就会提示出错。

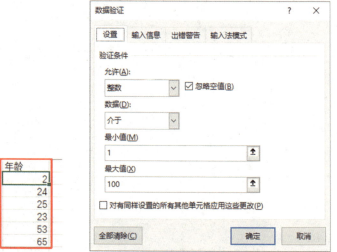

图2-37 允许1~100之间的整数

#### 2.允许序列

设置为允许序列，则只允许在该序列中选择合适的数据填入单元格，需要注意的是：序列中的值要用半角的逗号分开。如图 2-38 所示。

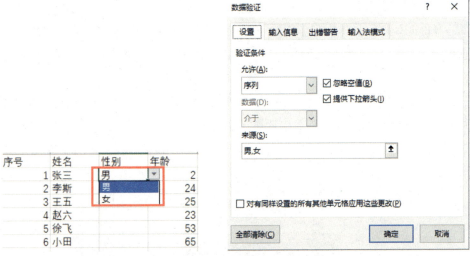

图2-38　允许序列

### 3.允许日期

设置允许日期与允许整数类似，数据可选择介于、未介于、等于、大于、小于、大于或等于、小于或等于。图 2-39 为日期介于 2021 年 1 月 1 日—2021 年 2 月 28 日。

图2-39　允许日期

**4.限制数据的重复输入**

身份证号码与发票号码具有唯一性，用 Excel 表格统计这些数据时，可能会出现由于输入错误产生数据相同的情况，利用"数据验证"功能可以很好地避免此类情况的发生。

选中防止重复输入的单元格区域（此处选择 A3~A17 单元格区域），点击"数据验证"，在"允许"下拉列表中选择"自定义"选项，在"公式"文本框中输入指令"=COUNTIF($A$3:$A$17,A3)<=1"，单击右下角的"确定"按钮。如图 2-40 所示。

图2-40 设置数据验证防止重复

返回工作表中，在 A3~A17 区域内输入重复数据时，就会出现错误提示的警告。如图 2-41 所示。

图2-41 出错警告

### 5.设置单元格文本的输入长度

编辑工作表数据时，可以通过设置单元格允许文本长度验证，来限制文本信息的长度。当输入的文本信息少于或者超过该长度时，系统就会报错提醒，从而提高工作表数据的准确性。

选中需要设置数据验证的区域（此处选择 B3~B15 单元格区域），打开数据验证对话框，在"允许"的下拉列表中选择"文本长度"选项，在"数据"下拉列表中选择"介于"选项，然后分别设置文本长度的最小值与最大值，单击右下角的"确定"按钮完成设置。如图 2-42 所示。

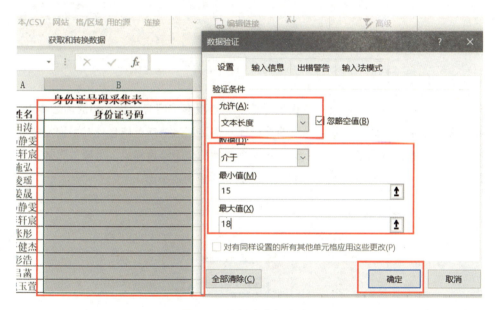

图2-42 设置文本长度验证

返回工作表中，在 B3~B15 单元格内输入内容时，如果文本长度不在区间（15~18）内，则系统会显示出错报警。

## 2.3.2 输入信息

当选择"输入信息"时，可以输入标题和提示内容，使对录入的数据的要求清晰、明了，进一步提高数据录入的准确性。如图 2-43 所示。

在时间列的单元格中设置数据验证，在输入信息的标题输入"时间"，内容为"请输入时间"，当点击该单元格时就会出现提示。

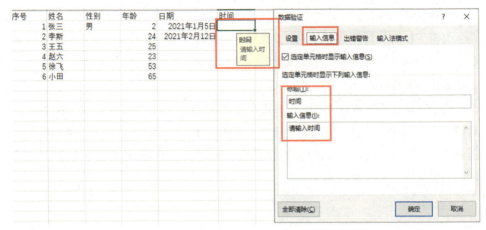

图2-43  输入信息

### 2.3.3  出错警告

在数据校验中，可以设置错误提示信息。当没有按照规定输入相应的数据时，系统就会拒绝录入数据，并会弹出消息框提示错误。这个错误信息可以根据需要进行自定义设置，可以设置停止、警告和信息三种类型的错误样式，当输入无效数据时就会提示。图 2-44 为设置停止样式的标题和内容的效果图。

图2-44  出错警告

# 2.4 如何对数据进行快速排序

在我们的日常工作中，经常需要对数据进行排序操作。下面我们来看一下在 Excel 中如何对数据进行快速的排序。排序方式有三种：升序、降序和自定义排序。

在排序时，可以选择只对本列进行排序，也可以将排序扩展到整个工作表。如果我们只需要对本列进行排序，则只需选择当前选定的区域排序，如果与其他数据有关联，则选择"扩展选定区域"。可以以本列数据为基础，将其他数据重新进行排序。

## 2.4.1 升序

选定需要排序的列或行，在"开始"选项卡下的"编辑"分组中选择"排序和筛选"选项，选择"升序"选项，弹出对话框后选择"扩展选定区域"，点击"排序"即可完成快速排序。图 2-45 是按照年龄从小到大进行排序的。

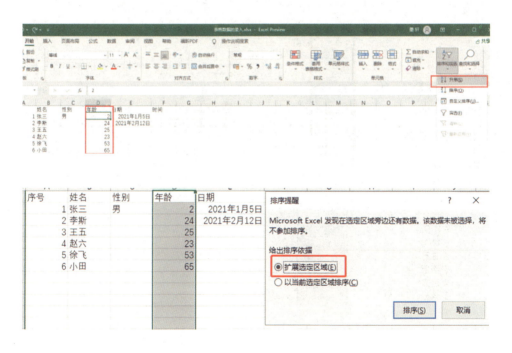

图2-45 升序

### 2.4.2　降序

降序操作与升序操作类似，只是将数据从大到小进行排序。

选定需要排序的列或行，在"开始"选项卡下的"编辑"分组中选择"排序和筛选"，点击"降序"选项，弹出对话框后选择"扩展选定区域"，点击"排序"即可完成快速排序。图 2-46 是按照年龄从大到小进行排序的。

图2-46　降序

### 2.4.3　自定义排序

"自定义排序"顾名思义，就是我们可以根据自己的需要将不同的数据进行排序，也可以添加多个排序条件。如将序号按照从大到小的顺序进行排序，将年龄按照从小到大的顺序进行排序。具体操作如下：

选择"自定义排序"选项，选择"扩展选定区域"，点击"排序"，弹出排序对话框，在主要关键字选项框内选择"序号"，次序选择"升序"，次要关键字选择"年龄"，次序选择"降序"，点击确定即可完成排序。如图 2-47 所示。

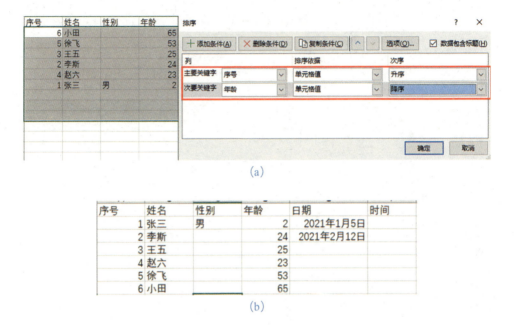

(a)

(b)

图2-47　自定义排序

# 2.5　数据筛选技巧

　　数据筛选是我们在日常工作中最常使用的功能之一，也是 Excel 的基本功能之一。该功能位于"数据"选项卡下的"排序和筛选"分组中，其功能是：将数据按照需要显示。

## 2.5.1　单一精确条件或多条件筛选

　　单一精确条件或多条件筛选是筛选最基础的操作技能，我们可以对表格中的数据进行单一条件筛选，也可以选择多个条件进行筛选。如：将日期按照规定的年、月进行显示，在表头区域点击"筛选"，会出现 ▼ 图标，点击后可以设置筛选条件。如图 2-48 所示。

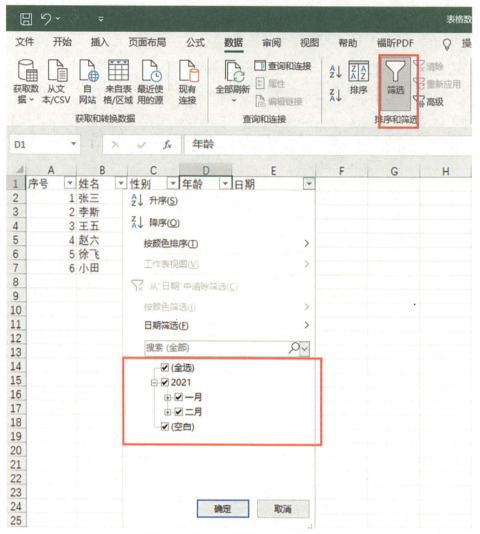

图2-48　单一精确条件或多条件筛选

## 2.5.2　使用搜索框进行模糊条件筛选

通过对各个条件选项的勾选，我们可以做出精确的筛选，同时也可以使用搜索框进行模糊条件的筛选，还可以使用通配符"*"、占位符"?"进行筛选。如图 2-49 所示。

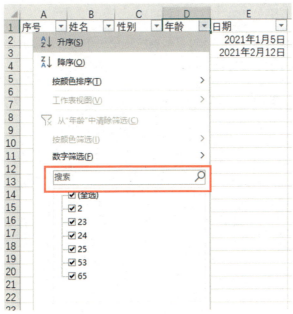

图2-49 模糊筛选

### 2.5.3 按颜色进行筛选

当表格中有颜色时，我们可以根据颜色进行数据筛选。对个别数据进行重点标注，这时，我们就可以使用按颜色筛选，只显示有特定颜色标注的单元格。如图 2-50 所示。

图2-50 按颜色筛选

### 2.5.4 按所选单元格的值进行筛选

如果要筛选出相同的值，还可以根据所选中的单元格指定值进行快速筛选。图 2-51 将姓名是李斯的全部筛选了出来。

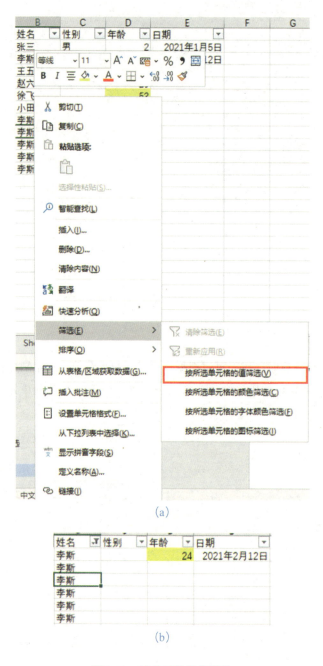

(a)

(b)

图2-51　按单元格的值筛选

 第 3 章

# 表格数据的快速编辑

## 3.1　查找与替换数据

在我们的日常工作中，经常需要在工作表中查找数据。这时，我们就可以使用 Excel 的"查找和选择"功能。通过该功能，我们可以快速、准确地找到我们想要的数据。在"开始"选项卡下的"编辑"分组中，找到"查找和选择"选项，其中有查找、替换、转到、定位条件、公式、批注、条件格式等选项。如图 3-1 所示。

图3-1　查找和选择

### 3.1.1　查找

当需要在大量数据中查找某个精确数据时，我们可以使用"查找"功能，快速

定位数据。

找到"开始"选项卡下"编辑"分组中的"查找和选择",点击"查找"按钮;或者使用快捷键"Ctrl+F",弹出"查找和替换"对话框,然后在相应的文本框中输入想要查找的内容,点击"查找下一个",即可定位到该内容所在的单元格,如图3-2所示。点击"查找全部",会显示所有查找结果,点击即可查看。如图3-3所示。

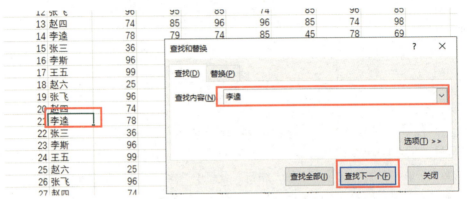

图3-2 查找下一个

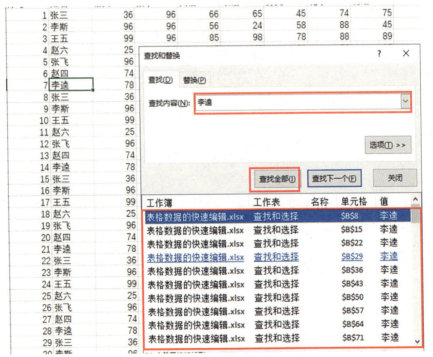

图3-3 查找全部

### 3.1.2 在查找时区分大小写

有时我们需要对工作表中的英文内容进行查找或替换，而英文内容在查找或替换时，会遇到字母大小写的问题，如果在查找或替换的时候不区分大小写，那么就会造成大量重复的工作，或者导致替换错误。在"查找和替换"对话框中选择"区分大小写"选项，可快速实现查找或替换时区分字母大小写的功能。如图3-4所示。

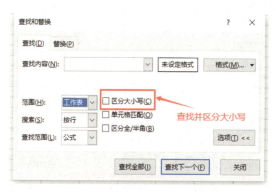

图3-4　在查找时区分大小写

### 3.1.3 使用通配符进行模糊查找

当我们需要查找工作表的内容，但又不确定要查找的具体内容时，可以使用通配符进行模糊查找。

通配符主要有"?"和"*"两个，需要在半角状态下输入，其中"?"代表一个字符，"*"代表多个字符。如图3-5所示。

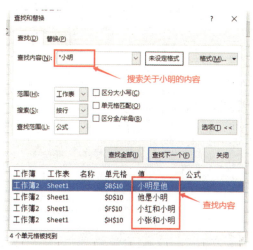

图3-5　使用通配符进行模糊查找

### 3.1.4 设置查找的范围

当我们的工作表数据信息很多时，进行查找会很麻烦，或者我们只希望查找指定范围内的数据，此时，我们利用"查找""替换"来设置范围即可。所以，设置"查找和替换"的范围与方式，可以提高搜索效率。具体操作如下：

在"查找和替换"的对话框中选择"选项"按钮，在"范围"中选择需要查找和替换的范围，范围可以是"工作簿"或"工作表"。如图 3-6 所示。

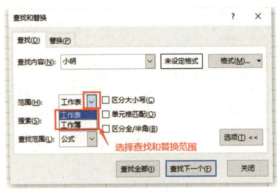

图3-6 设置查找的范围

### 3.1.5 替换

当有多个数据需要替换成另一个数据时，快速替换的功能就可以派上用场了，这一操作与查找类似。

调出"查找和替换"对话框，选择"替换"选项，输入要查找和要替换的内容，点击"全部替换"或者"替换"即可。图 3-7 将所有的"李逵"替换成了"花荣"。

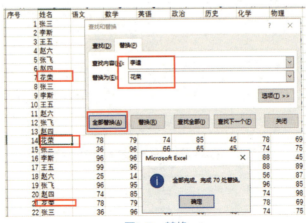

图3-7 替换

### 3.1.6 替换格式

　　我们不仅可以查找和替换工作表中的数据，还可以对查找的单元格设置指定的格式，对查找出的内容做格式修改，将查找到的内容以不同的格式呈现出来，等等。在"查找和替换"的对话框中选择替换的格式，包括字体、单元格颜色填充、对齐方式和边框等内容。如图 3-8 所示。

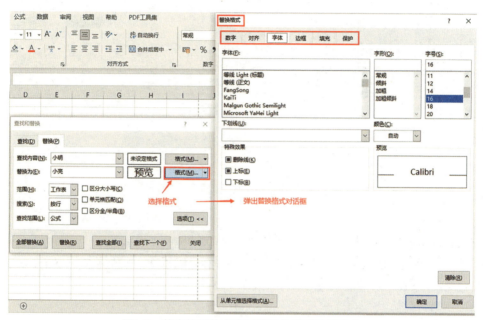

图3-8　将查找到的内容以特定的格式显示出来

### 3.1.7 快速选择

　　在"查找和选择"中，有公式、批注、条件格式、常量、数据验证这五个快速选择的功能，点击其中一个选项即可在工作表中快速定位使用了该功能的单元格。图 3-9 定位选择了工作表中所有使用公式的单元格。

| 　 | A | B | C | D | E | F | G | H | I | J |
|---|---|---|---|---|---|---|---|---|---|---|
| 1 | 序号 | 姓名 | 语文 | 数学 | 英语 | 政治 | 历史 | 化学 | 物理 | 总分 |
| 2 | 1 | 张三 | 36 | 96 | 66 | 65 | 45 | 74 | 75 | 457 |
| 3 | 2 | 李斯 | 96 | 96 | 56 | 24 | 58 | 88 | 45 | 463 |
| 4 | 3 | 王五 | 99 | 96 | 85 | 98 | 78 | 88 | 89 | 633 |
| 5 | 4 | 赵六 | 25 | 14 | 12 | 43 | 59 | 56 | 87 | 296 |
| 6 | 5 | 张飞 | 96 | 95 | 85 | 74 | 85 | 96 | 85 | 616 |
| 7 | 6 | 赵四 | 74 | 85 | 96 | 96 | 85 | 74 | 98 | 608 |
| 8 | 7 | 花荣 | 78 | 79 | 74 | 85 | 45 | 78 | 69 | 508 |
| 9 | 8 | 张三 | 36 | 96 | 66 | 65 | 45 | 74 | 75 | 457 |
| 10 | 9 | 李斯 | 96 | 96 | 56 | 24 | 58 | 88 | 45 | 463 |
| 11 | 10 | 王五 | 99 | 96 | 85 | 98 | 78 | 88 | 89 | 633 |
| 12 | 11 | 赵六 | 25 | 14 | 12 | 43 | 59 | 56 | 87 | 296 |
| 13 | 12 | 张飞 | 96 | 95 | 85 | 74 | 85 | 96 | 85 | 616 |
| 14 | 13 | 赵四 | 74 | 85 | 96 | 96 | 85 | 74 | 98 | 608 |
| 15 | 14 | 花荣 | 78 | 79 | 74 | 85 | 45 | 78 | 69 | 508 |
| 16 | 15 | 张三 | 36 | 96 | 66 | 65 | 45 | 74 | 75 | 457 |
| 17 | 16 | 李斯 | 96 | 96 | 56 | 24 | 58 | 88 | 45 | 463 |
| 18 | 17 | 王五 | 99 | 96 | 85 | 98 | 78 | 88 | 89 | 633 |
| 19 | 18 | 赵六 | 25 | 14 | 12 | 43 | 59 | 56 | 87 | 296 |
| 20 | 19 | 张飞 | 96 | 96 | 85 | 74 | 85 | 96 | 85 | 616 |
| 21 | 20 | 赵四 | 74 | 85 | 96 | 96 | 85 | 74 | 98 | 608 |
| 22 | 21 | 花荣 | 78 | 79 | 74 | 85 | 45 | 78 | 69 | 508 |
| 23 | 22 | 张三 | 36 | 96 | 66 | 65 | 45 | 74 | 75 | 457 |

（查找和选择菜单）查找(F)... / 替换(R)... / 转到(G)... / 定位条件(S)... / 公式(U) / 批注(M) / 条件格式(C) / 常量(N) / 数据验证(V) / 选择对象(O) / 选择窗格(P)...

图3-9　快速选择

## 3.2　复制和粘贴数据

在 Excel 工作表中，我们可以对数据进行复制和粘贴操作。

在"开始"选项卡下的"剪贴板"分组中，有剪切、复制、粘贴、格式刷四个功能。

### 3.2.1　剪切和粘贴

打开工作表，选择需要剪切的数据，单击鼠标右键，选择"剪切"或者使用"Ctrl+X"快捷键，然后在需要粘贴的地方使用"粘贴"或者"Ctrl+V"快捷键完成剪切操作。这时，原来的数据就被移动到我们想要粘贴的地方了。如图 3-10、图 3-11 所示。

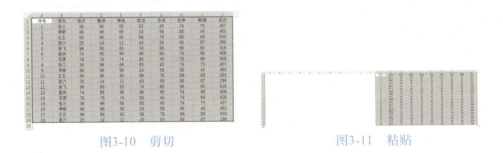

图3-10　剪切　　　　　　　　　　图3-11　粘贴

### 3.2.2　复制和粘贴

复制粘贴的步骤和剪切粘贴的步骤类似。选择需要复制的数据，如图 3-12 所示，选择整张表格，然后单击鼠标右键，选择"复制"或者使用"Ctrl+C"快捷键。效果如图 3-13 所示。

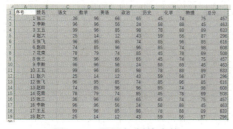
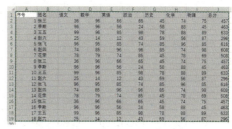

图3-12　需要复制的表格　　　　　　　　图3-13　选择复制后的效果

在需要粘贴的空白单元格中，使用"粘贴"或者"Ctrl+V"快捷键就可以复制表格的内容了。如图 3-14 所示。

图3-14　粘贴

但需要注意的是：复制后表格的列宽和原始表格的列宽不一样。如图 3-15 所示。

图3-15　对比表格的列宽

解决方法：复制完表格数据后，先不要急着粘贴，我们点击"粘贴"下面的倒三角图标，点击"保留源列宽"，即可得到和原始表格列宽一样的表格。如图 3-16 所示。

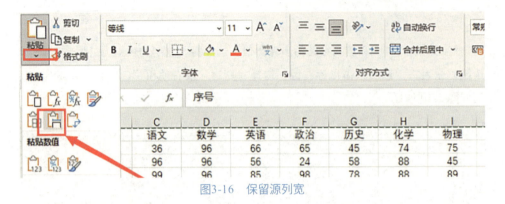

图3-16　保留源列宽

此外，还有多种粘贴方式，如我们只粘贴数值，可以选择"值"粘贴。如图 3-17 所示。

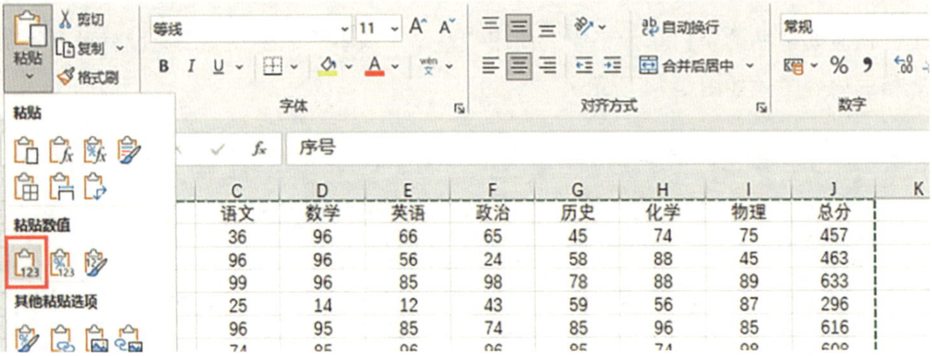

图3-17　值粘贴

还有一种复制表格的方法：选择表格，将鼠标放到边框上，变成十字箭头形状时，按 Ctrl 键拖拽复制粘贴。如图 3-18 所示。

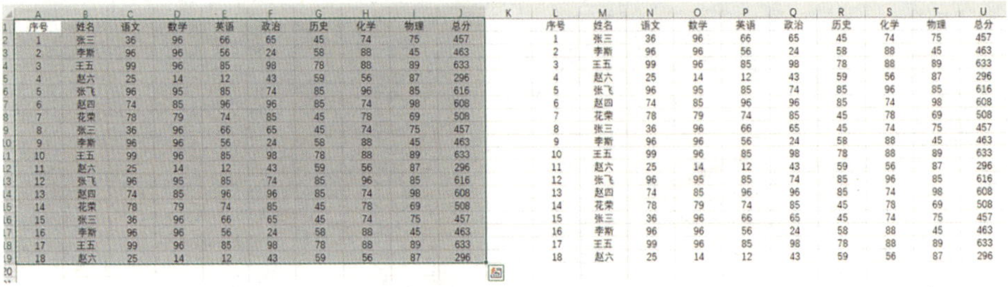

图3-18　拖拽粘贴

# 3.3 链接数据

## 3.3.1 复制数据

启动 Excel，打开工作表。在工作表中选择目标单元格的数据，单击"开始"选项卡下"剪贴板"分组中的"复制"按钮，即可复制选择的数据。如图 3-19 所示。

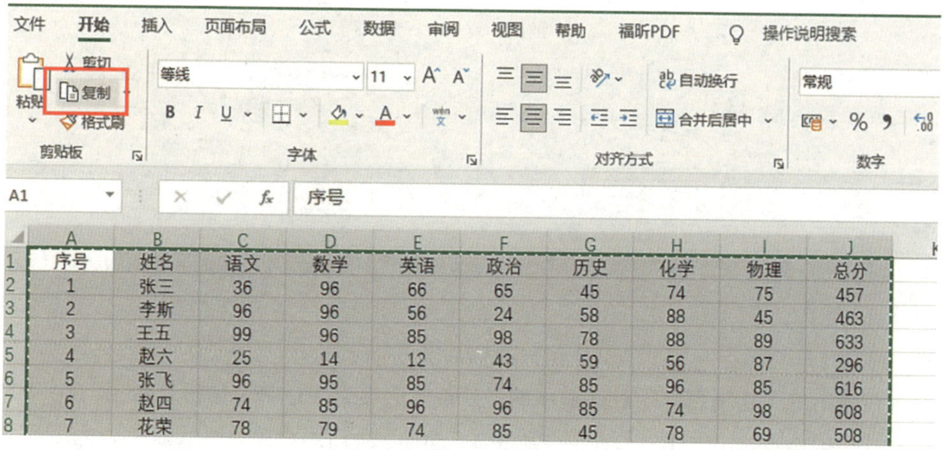

图3-19 复制数据

打开另一个工作表，选中要粘贴数据的单元格，单击右下角"粘贴选项"下方的下拉按钮，单击下拉列表中"其他粘贴选项"中的"粘贴链接"单选按钮。如图 3-20 所示。

此时，若源工作表中的数据发生更改，那么，目标工作表的相应数据也将随之更改。

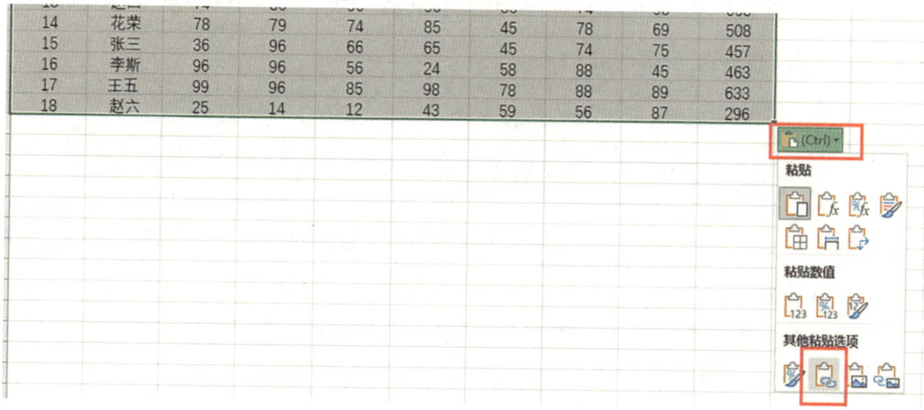

图3-20 粘贴链接

### 3.3.2 将单元格区域复制为图片

对于比较重要的工作表，为了防止他人随意修改，可以通过设置密码实现保护，也可以通过将表格复制成图片实现对工作表的保护。

单击"开始"选项卡下"剪贴板"分组中"复制"的下拉按钮，在弹出的下拉列表中选择"复制为图片"选项。如图 3-21 所示。

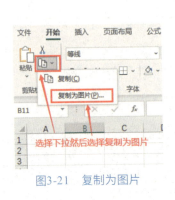

图3-21 复制为图片

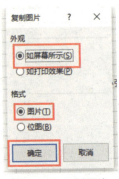

图3-22 复制图片

在弹出的"复制图片"对话框中的"外观"选项组中选择"如屏幕所示"，在"格式"选项组中选择"图片"，点击"确定"。如图 3-22 所示。

### 3.3.3 将数据复制为关联数据图片

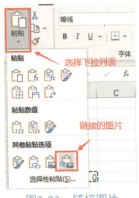

图3-23 链接图片

将数据复制为图片时，也可以将其复制为关联的图片。对源数据进行更改时，关联的图片将自动更新，以保持复制的内容与源数据之间的关联。

选中要粘贴的目标单元格，在"剪贴板"分组中点击"粘贴"下拉列表，在弹出的下拉列表中单击"链接的图片"选项即可。如图 3-23 所示。

### 3.3.4 在粘贴数据时对数据进行目标运算

在编辑工作表的时候，可以通过选择性粘贴的方法对工作表的数据区域进行计算。具体操作如下：

选中需要复制的数据内容所在的单元格，对该单元格进行复制，选择需要进行计算的目标单元格区域后，在"剪贴板"分组中选择"粘贴"选项，在弹出的下拉列表中选择"选择性粘贴"。如图 3-24 所示。

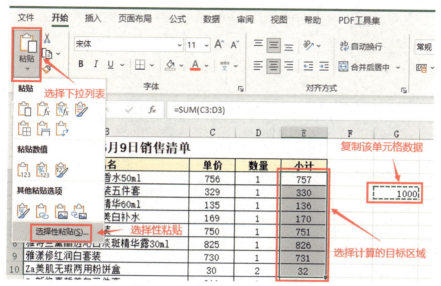

图3-24 粘贴数据时进行目标运算

弹出"选择性粘贴"对话框后,在"运算"选项组中选择目标的计算方式,比如加、减、乘、除等。如图 3-25 所示。设置完成后,单击"确定"按钮,完成粘贴数据时对数据进行目标运算。

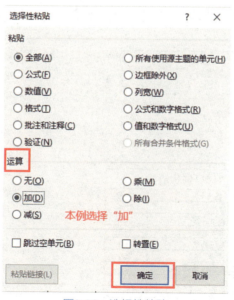

图3-25 选择性粘贴

上述操作完成后,表格所选择的目标单元格区域中的数据都加上了1000。如图3-26 所示。

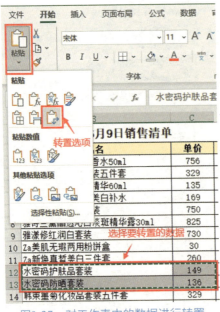

图3-26 目标运算结果

### 3.3.5 对表格行或列中的数据进行转置

在编辑工作表中的数据时，有时需要将表格中的数据进行转置，即：将原来的行变为列，将原来的列变为行。此时，我们需要完成以下操作：

在工作表中选择数据区域，选择目标单元格进行粘贴，在"剪贴板"分组中单击"粘贴"按钮，在弹出的下拉列表中选择"转置"选项。如图 3-27 所示。

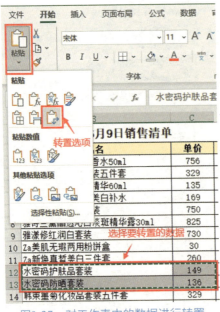

图3-27 对工作表中的数据进行转置

图3-28 粘贴转置

也可以在选择目标转置数据后，点击鼠标右键，在弹出的下拉列表"粘贴选项"中选择"粘贴转置"按钮。如图 3-28 所示。

转置后，部分单元格中的数据内容会出现显示不完整的现象，这时，我们可以手动调整列宽。如图 3-29 所示。

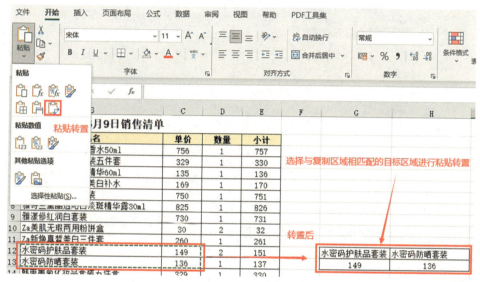

图3-29　转置后效果

### 3.3.6　设置工作表之间的超链接

当一个工作簿中含有多个工作表时，我们需要制作一个工作表汇总，并为其设置工作表超链接，从而方便查看和切换工作表。

选中要创建超链接的单元格，切换到"插入"选项卡下，在"链接"分组中选择"链接"按钮。如图 3-30 所示。

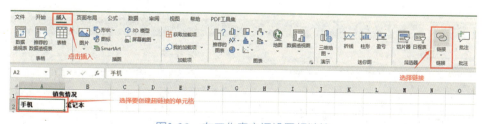

图3-30　在工作表之间设置超链接

弹出"超链接"对话框后，在"链接到"列表中选择链接位置，选择"本文档中的位置"，在右侧的列表框中选择需要链接的工作表，单击"确定"按钮即可。如

图 3-31 所示。

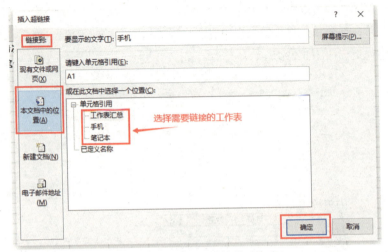

图3-31  选择需要链接的工作表

如图 3-32 所示，为单元格设置超链接后，单元格中的文本为蓝色字体并且带有下划线，这是默认的设置超链接后的单元格数据格式。单击设置的超链接文本，可以跳转到相应的工作表中。

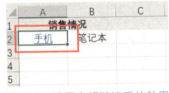

图3-32  设置完超链接后的效果

超链接是指为快速访问指定数据而创建的目标链接。当我们浏览某个网页时，点击某些文字或图片会跳转到另一个网页，这就是一个超链接。这种带有跳转功能的超链接也可以在 Excel 中实现，如创建指向文件和网页的超链接。

创建指向文件超链接的具体操作如下：

选中需要创建超链接的单元格，切换到"插入"选项卡，单击"链接"分组中的"链接"按钮。如图 3-33 所示。

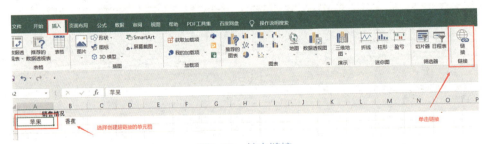

图3-33  单击链接

在弹出的"插入超链接"对话框中，选择"链接到"下的"现有文件或网页"选项，在"当前文件夹"列表框中选择要链接的工作簿,单击"确定"按钮。如图 3-34 所示。

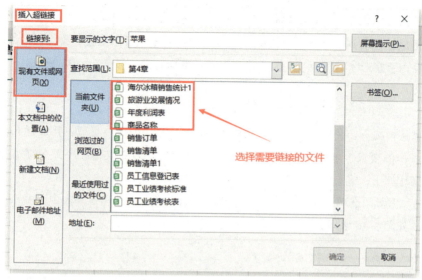

图3-34 选择需要链接的文件

如果需要创建指向网页的超链接,可以打开"插入超链接"对话框,在"链接到"列表框中选择"现有文件或网页"选项,在"地址"文本框中输入要链接的网页网址,单击"确定"。如图 3-35 所示。

当鼠标位于超链接文本上时,会由箭头变为手掌形状的图标。此时,单击超链接文本,将会打开相应的文件或跳转到相应的网页。

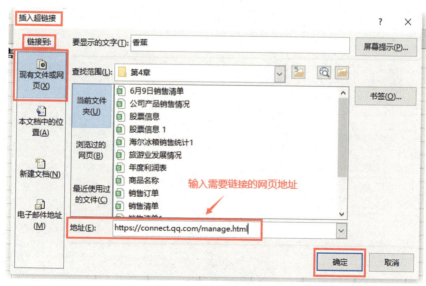

图3-35 链接指定的网页

### 3.3.7　选择超链接后不激活该超链接

当我们想要选中超链接文本，但又不想跳转到相应的工作表、文件或网页中时，可以把鼠标移动到含有该超链接的单元格中，同时按住鼠标左键不放，几秒钟后光标就会由手掌形状的图标变为空心十字，松开鼠标左键，即可选中该单元格。

### 3.3.8　更改超链接文本的外观

默认情况下，在单元格中设置超链接后，单元格中的文本呈蓝色并带有下划线。根据操作的要求，可以更改超链接文本的外观。当我们修改超链接文本的外观时，具体操作如下：

在"开始"选项卡下选择"单元格样式"按钮，在弹出的下拉列表中选中"修改"命令。如图3-36所示。

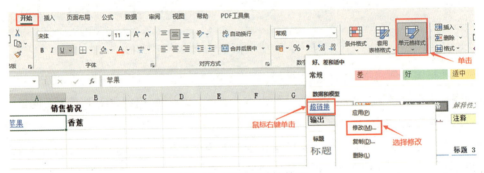

图3-36　更改超链接外观

在弹出的"样式"对话框中，单击"格式"按钮。如图3-37所示。

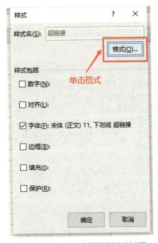

图3-37　更改超链接外观

　　在弹出的"设置单元格格式"对话框中选择需要修改的格式，包含字体、对齐、填充等。本例中对"填充"进行了修改，修改后单击"确定"按钮。如图 3-38 所示。

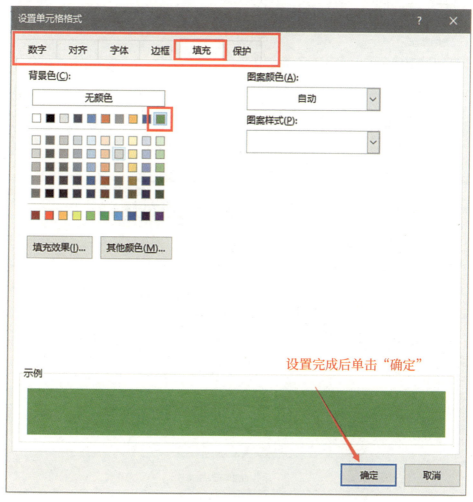

图3-38　更改超链接外观

　　单击"确定"后，则返回"样式"对话框，再次单击"确定"按钮完成修改，返回工作表。这时，我们可以看到，超链接文本单元格的填充发生了改变。如图 3-39 所示。

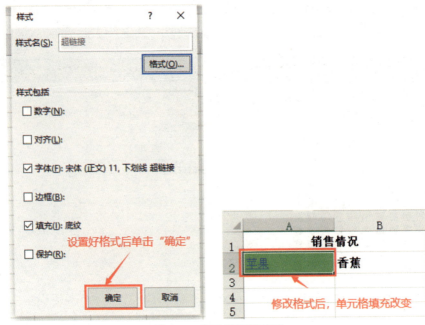

图3-39　更改超链接外观

　　如果不再需要超链接，可以快速删除。具体操作如下：

　　鼠标右键单击需要删除的超链接，在弹出的快捷菜单中选择"取消超链接"命令，即可删除超链接。如图 3-40 所示。

图3-40　取消超链接

　　单击"取消超链接"后设置超链接的文本恢复正常。如图 3-41 所示。

图3-41 取消超链接后的效果

## 3.3.9 阻止 Excel 自动创建超链接

在默认的情况下，在单元格中输入电子邮箱或网址等内容时，会自动生成超链接。当我们不小心点击了生成的超链接时，就会激活该超链接，从而跳转到别的界面。

为了避免以上麻烦，可以通过设置阻止 Excel 自动创建超链接，具体操作如下：

打开"Excel 选项"对话框，切换到"校对"选项卡中，单击"自动更正选项"按钮。如图 3-42 所示。

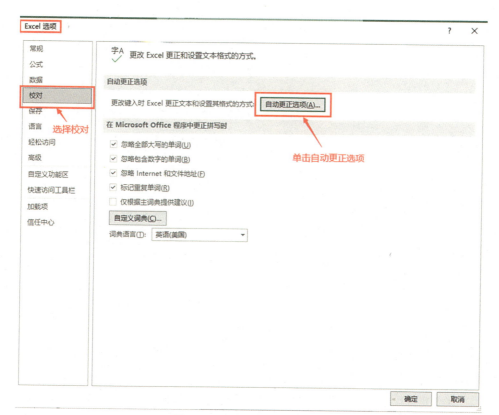

图3-42 阻止自动生成超链接

弹出"自动更正"对话框后，切换到"键入时自动套用格式"选项卡，在"键入时替换"中，取消勾选"Internet 及网络路径替换为超链接"复选框，单击"确定"
按钮。如图 3-43 所示。

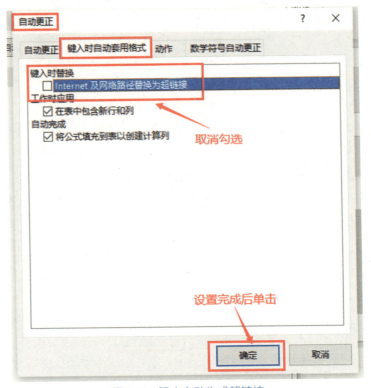

图3-43　阻止自动生成超链接

返回"Excel 选项"对话框，单击"确定"按钮即可。

# 3.4　美化工作表格式

## 3.4.1　手动绘制表格边框

在为表格设置边框时，除了可以通过内置样式直接添加边框，还可以手动绘制
边框。手动绘制边框的具体操作如下：

在"开始"选项卡下的"字体"分组中，选择"边框"下拉按钮，在弹出的下
拉列表中的"绘制边框"栏中选择"线条颜色"选项，在弹出的扩展列表中选择需
要的线条颜色。如图 3-44 所示。

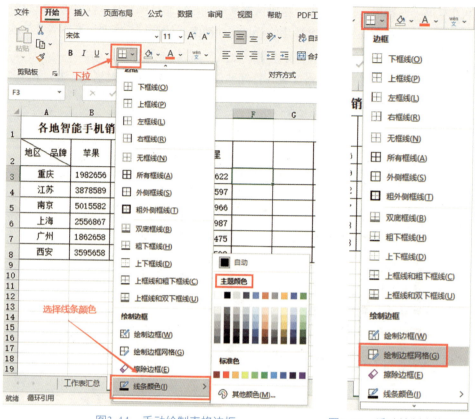

图3-44 手动绘制表格边框　　　图3-45 手动绘制表格边框

再次打开边框下拉列表，单击绘制方式对应的选项，如"绘制边框网络"。如图3-45所示。

当鼠标指针为画笔的形状图标时，在需要绘制边框的区域拖动鼠标，便可绘制出想要的所有边框。如图3-46所示。

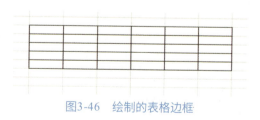

图3-46 绘制的表格边框

## 3.4.2 设置个性化单元格背景

在默认情况下，单元格的背景为白色，为了美化表格或突出表格中的数据内容，可以为单元格设置背景色。通过功能区中的"填充颜色"按钮，就可以实现快速设置背景色。但使用"填充颜色"按钮设置背景时，只能对单元格进行简单的纯色背景设置，若要对单元格设置个性化的背景，如图案式的背景、渐变填充背景等，就需要通过对话框来实现了。具体操作如下：

选中要设置背景的单元格区域，打开"设置单元格格式"对话框，在"填充"选项卡中单击"填充效果"按钮。如图 3-47 所示。

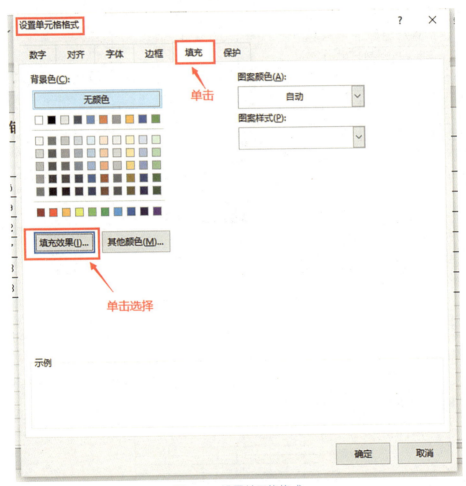

图3-47 设置单元格格式

弹出"填充效果"对话框后，在默认情况下选择"双色"。在"颜色 1"和"颜色 2"下拉列表中选择需要的颜色，在"底纹样式"选项组中选择需要的样式，然后在"变形"选项组中选择渐变样式，单击"确定"按钮。如图 3-48 所示。

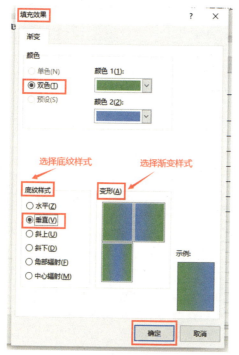

图3-48　选择填充效果

图3-49　设置完成后的效果

　　返回"设置单元格格式"对话框，单击"确定"按钮，返回工作表，即可查看设置后的单元格效果。如图 3-49 所示。

### 3.4.3　将表格设置为三维效果

　　在对表格进行美化操作时，可以灵活设置背景和边框，如将表格设置成一个具有上凸或者下凹的立体效果的三维表格，具体操作如下：

　　选中单元格区域，设置任意一种背景色。如图 3-50 所示。

选择不相邻的行　商品描述

| 联想一体机C340 G2030T 4G50GVW-D8(BK)(A) |
| 戴尔笔记本Ins14CR-1518BB（黑色） |
| 华硕笔记本W509LD4030-554ASF52XC0（黑色） |
| 联想笔记本M4450AA105750M4G1TR8C(RE-2G)-CN（红） |
| 华硕笔记本W509LD4030-554ASF52XC0（白色） |

图3-50　设置背景色

　　打开"设置单元格格式"对话框，选中"边框"选项卡，在"样式"列表中选择线型，在"颜色"下拉列表中选择黑色，单击"下边框"和"右边框"按钮，使其呈现出高亮状态，即为表格添加下边框和右边框。如图 3-51 所示。

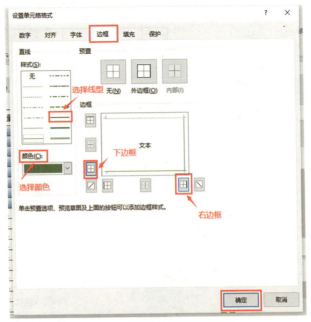

图3-51 设置下边框和右边框

在"颜色"下拉列表中选择白色，单击"上边框"和"左边框"按钮，使其以高亮状态显示，即为表格添加上边框和左边框，单击"确定"按钮。如图3-52所示。

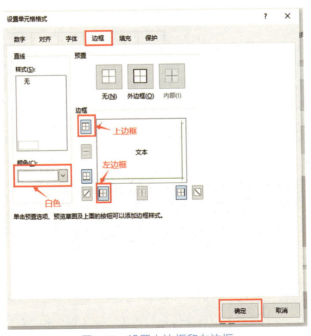

图3-52 设置上边框和左边框

返回工作表，即可查看设置后的三维效果。如图 3-53 所示。

图3-53 设置完成后的效果

### 3.4.4 设置具有立体感的单元格

运用背景和边框，可使单元格呈现不同的效果，让表格更加美观、更加赏心悦目。

如为工作表中的单元格设置立体感效果，具体操作如下：

单击"开始"，在"字体"组中点击"填充颜色"下拉按钮，在弹出的下拉列表中选择白色、背景 1、深度 15%。如图 3-54 所示。

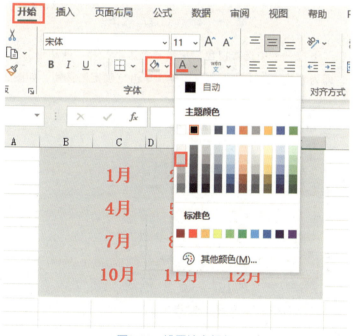

图3-54 设置填充颜色

选中目标区域的单元格，打开"设置单元格格式"对话框，切换到"边框"选项卡，在"样式"列表中选择线型，在"颜色"的下拉列表中选择黑色，单击"下边框"和"右边框"按钮，使其呈现高亮状态，即为表格添加下边框和右边框。如图 3-55 所示。

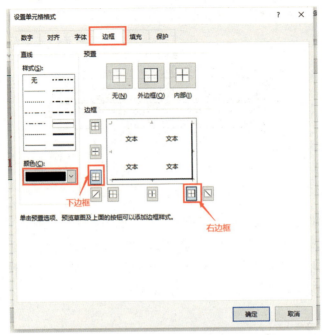

图3-55　设置下边框和右边框

在"颜色"下拉列表中选择白色，单击"上边框"和"左边框"按钮，使其呈现高亮状态，即为表格添加上边框和左边框，单击"确定"按钮。如图 3-56 所示。

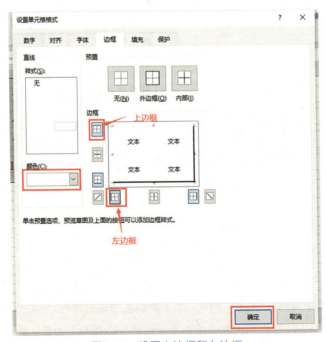

图3-56　设置上边框和左边框

### 3.4.5 将图片设置为工作表背景

在 Excel 中，我们可以将图片设置为工作表的背景，从而美化工作表，增强视觉效果，具体操作如下：

在"页面布局"选项卡下的"页面设置"分组中，单击"背景"按钮。如图 3-57所示。

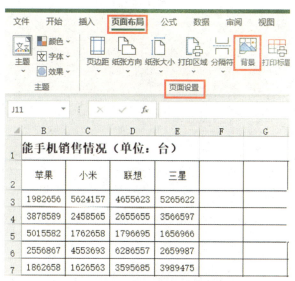

图3-57 选择背景

打开"插入图片"页面，单击"浏览"按钮。如图 3-58 所示。

图3-58 浏览

打开图片所在的文件夹，选择工作表的背景图片，单击"插入"按钮。如图 3-59所示。

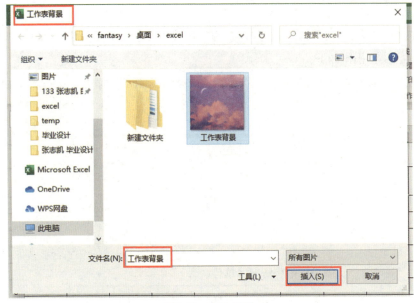

图3-59 插入图片

返回工作表即可查看最终的效果。如图 3-60 所示。

图3-60 最终效果

### 3.4.6 制作斜线表头

斜线表头是制作表头时最常用的元素，我们可以选择手动绘制，也可以使用边框快速添加，具体操作如下：

选中需要制作斜线表头的单元格，单击"开始"选项卡下"对齐方式"分组中的对话框启动器。如图 3-61 所示。

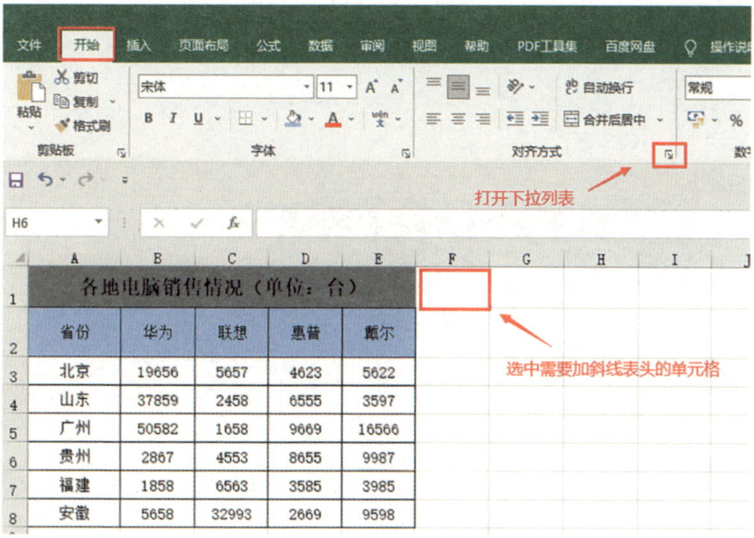

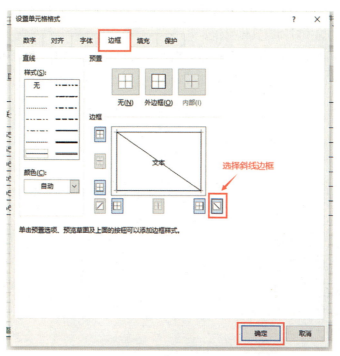

图3-61 选中单元格

弹出"设置单元格格式"对话框后,在"边框"选项卡下选择"斜线边框",单击"确定"按钮。如图 3-62 所示。

图3-62 设置斜线边框

返回工作表,在当前的单元格中输入数据信息,根据需要还可以通过输入空格的方式调整内容的位置。如图 3-63 所示。

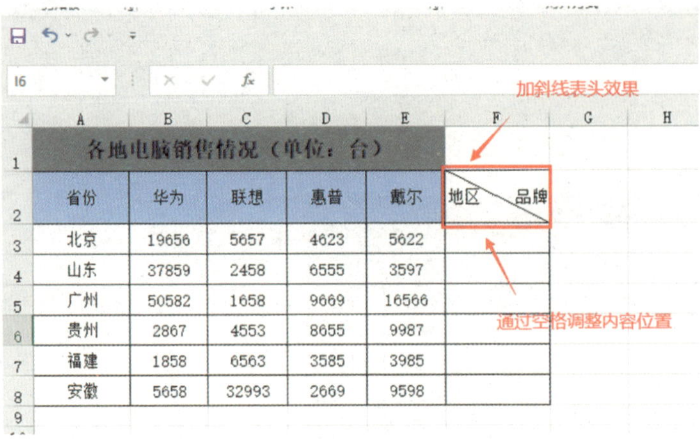

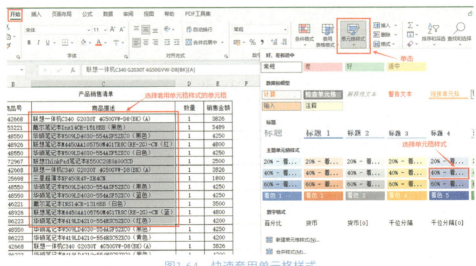

图3-63 设置完后的效果

### 3.4.7 快速套用单元格样式

Excel 提供了多种多样的单元格样式，在这些样式中，设置了字体格式、填充效果等格式，方便我们快速套用。使用这些单元格样式不仅可以美化工作表，还可以节约大量的编排时间，具体操作如下：

选择需要套用单元格样式的单元格区域，在"开始"选项卡下的"样式"分组中单击"单元格样式"按钮，在弹出的下拉列表中选择需要的样式即可。如图 3-64 所示。

图3-64 快速套用单元格样式

选择完单元格样式后，返回工作表即可查看效果。如图 3-65 所示。

产品销售清单

| 收银日期 | 商品号 | 商品描述 | 数量 | 销售金额 |
| --- | --- | --- | --- | --- |
| 2018/6/2 | 142668 | 联想一体机C340 G2030T 4G50GVW-D8(BK)(A) | 1 | 3826 |
| 2018/6/2 | 153221 | 戴尔笔记本Ins14CR-1518BB（黑色） | 1 | 3489 |
| 2018/6/2 | 148550 | 华硕笔记本W509LD4030-554ASF52XC0（黑色） | 1 | 4250 |
| 2018/6/2 | 148926 | 联想笔记本M4450AA105750M4G1TR8C(RE-2G)-CN（红） | 1 | 4800 |
| 2018/6/3 | 148550 | 华硕笔记本W509LD4030-554ASF52XC0（白色） | 1 | 4250 |
| 2018/6/3 | 172967 | 联想ThinkPad笔记本E550C20E0A00CCD | 1 | 2500 |
| 2018/6/3 | 142668 | 联想一体机C340 G2030T 4G50GVW-D8(BK)(A) | 1 | 3826 |
| 2018/6/3 | 125698 | 三星超薄本NP450R4V-XH4CN | 1 | 1800 |
| 2018/6/3 | 148550 | 华硕笔记本W509LD4030-554ASF52XC0（黑色） | 1 | 4250 |
| 2018/6/3 | 148550 | 华硕笔记本W509LD4030-554ASF52XC0（蓝色） | 1 | 4250 |
| 2018/6/3 | 146221 | 戴尔笔记本INS14CR-1316BB（白色） | 1 | 3500 |
| 2018/6/3 | 148926 | 联想笔记本M4450AA105750M4G1TR8C(RE-2G)-CN（蓝） | 1 | 4800 |
| 2018/6/3 | 186223 | 华硕笔记本W419LD4210-554HSC52XC0（红色） | 1 | 4200 |
| 2018/6/3 | 148550 | 华硕笔记本W509LD4030-554ASF52XC0（黑色） | 1 | 4250 |
| 2018/6/4 | 186223 | 华硕笔记本W419LD4210-554HSC52XC0（黄色） | 1 | 4200 |
| 2018/6/4 | 142668 | 联想一体机C340 G2030T 4G50GVW-D8(BK)(A) | 1 | 3826 |

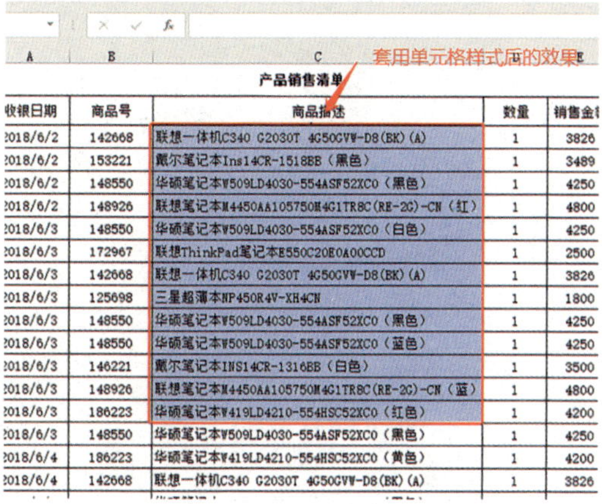

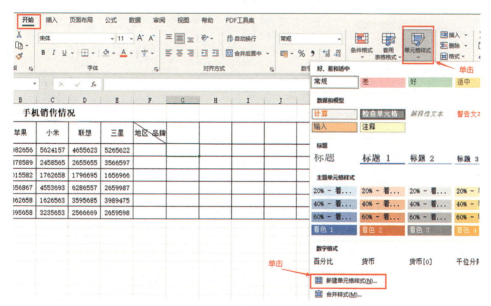

图3-65 套用单元格样式后的效果

## 3.4.8 自定义单元格样式

使用单元格样式美化工作表时，若 Excel 提供的内置样式无法满足我们的要求，可以自定义单元格样式，具体操作如下：

在“开始”选项卡下的“样式”分组中点击“单元格样式”按钮，在弹出的下拉列表中选择“新建单元格样式”选项。如图 3-66 所示。

图3-66 自定义单元格样式

弹出“样式”对话框后，在“样式名”文本框中输入样式名称，单击“格式”按钮。如图 3-67 所示。

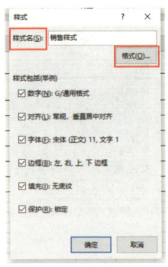

图3-67 输入样式名称

在弹出的"设置单元格格式"对话框中，分别设置了数字、对齐、字体、边框、填充等格式，设置完成后单击"确定"按钮。如图 3-68 所示。

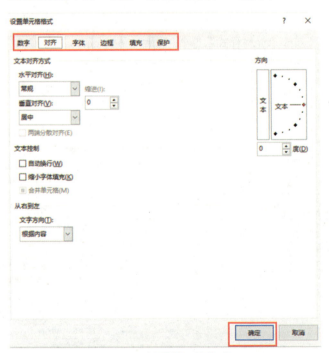

图3-68 设置单元格格式

返回工作表，选中需要应用单元格样式的单元格区域，单击"单元格样式"按钮，在弹出的"自定义"列表下可以看到自己设置的单元格样式，单击该样式，就可以将自定义的样式应用到单元格中。如图 3-69 所示。

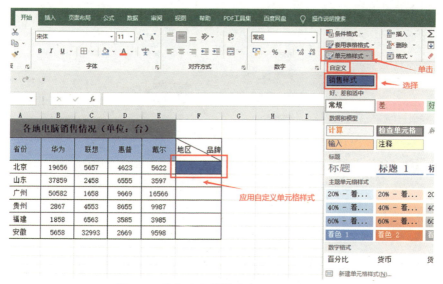

图3-69　将自定义的样式应用到单元格中

## 3.4.9　批量修改单元格样式

使用单元格样式美化表格后，如果对某些单元格的应用样式不满意，可以直接对单元格样式进行修改，不必再次应用样式，省去了不必要的麻烦。如果工作表中多处应用了同一种单元格样式，我们还可以进行批量修改，具体操作如下：

选择需要修改样式的单元格，在"开始"选项卡下的"样式"分组中单击"单元格样式"按钮，在弹出的下拉列表中使用鼠标右键单击需要修改的单元格样式，在弹出的快捷菜单中选择"修改"命令。如图 3-70 所示。

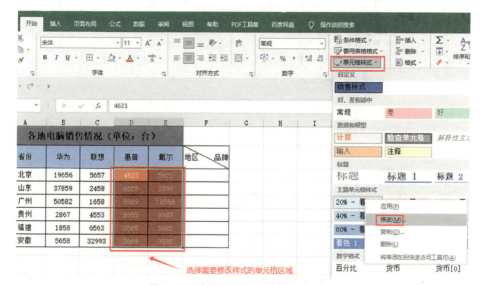

图3-70　选择需要修改的单元格样式

弹出"样式"对话框，单击"格式"按钮。如图 3-71 所示。

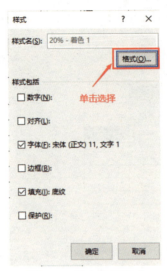

图3-71  单击选择格式

弹出"设置单元格格式"对话框后，设置需要应用的单元格样式，单击"确定"按钮。如图 3-72 所示。

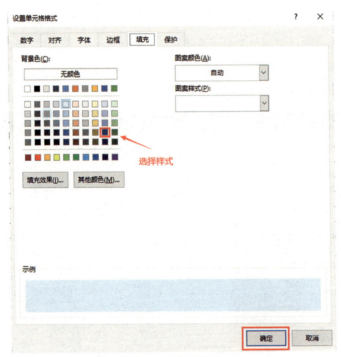

图3-72  选择样式

返回"样式"对话框，单击"确定"按钮，返回工作表，应用了该单元格样式的单元格格式都发生了改变。如图 3-73 所示。

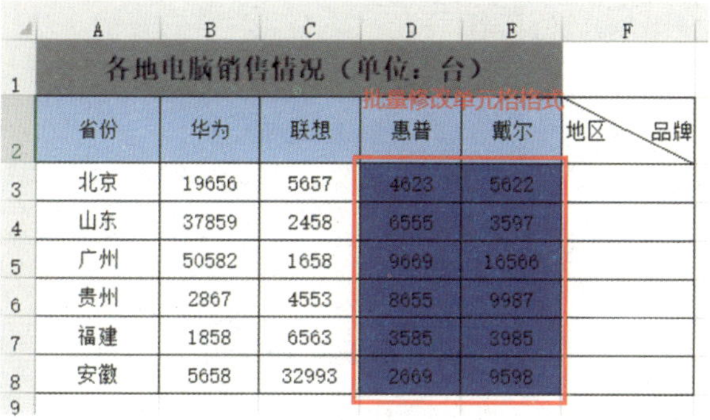

图3-73　修改后的效果

### 3.4.10　将单元格样式应用到其他工作簿

自定义的单元格样式只能应用于当前的工作簿中，如果要应用于其他工作簿中，则需要使用"合并样式"功能。具体操作如下：

单击"开始"选项卡下"样式"分组中"单元格样式"的下拉按钮，在弹出的下拉列表中选择"合并样式"。如图 3-74 所示。

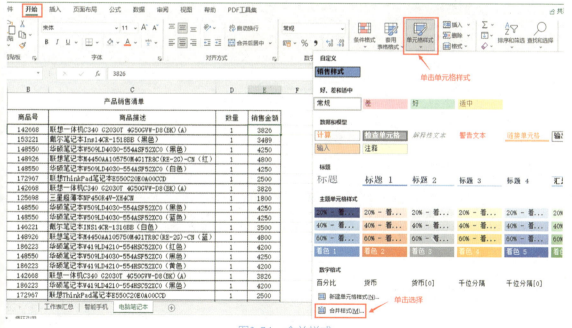

图3-74　合并样式

弹出"合并样式"对话框后，在"合并样式"列表中选择需要复制的单元格样式所在的工作簿，单击"确定"按钮。如图 3-75 所示。

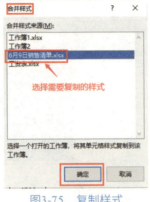

图3-75    复制样式

返回工作簿，即可看到"单元格样式"下拉列表中包含了从别的工作簿中复制过来的单元格样式。如图 3-76 所示。

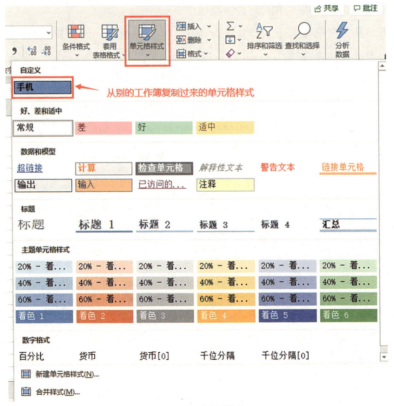

图3-76    合并样式

### 3.4.11 使用表格样式快速美化表格

Excel 提供了大量的已经设置好格式的表格样式，包括字体格式、边框、填充颜色等，帮我们节省了大量的时间。使用表格样式的具体操作如下：

选中需要美化的表格或者单元格区域，单击"开始"选项卡下"样式"分组中"套用表格格式"的下拉按钮，在弹出的下拉列表中选择需要套用的表格样式。如图 3-77 所示。

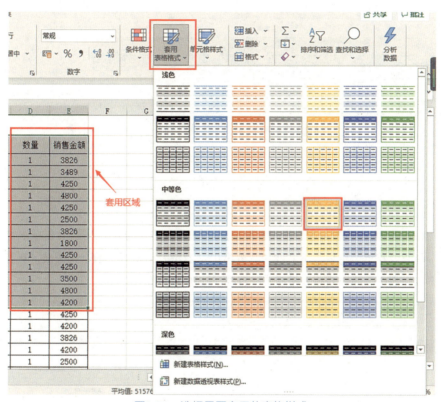

图3-77 选择需要套用的表格样式

弹出"套用表格格式"对话框后，单击"确定"按钮。如图 3-78 所示。

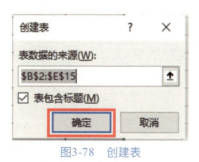

图3-78 创建表

单击"表设计"选项卡中的"转换为区域"按钮,在弹出的对话框中单击"是",即可预览效果。如图3-79所示。

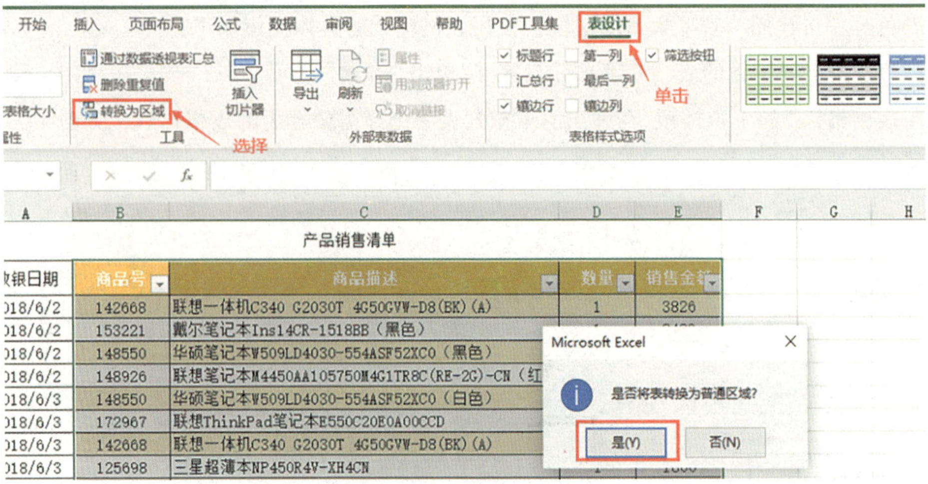

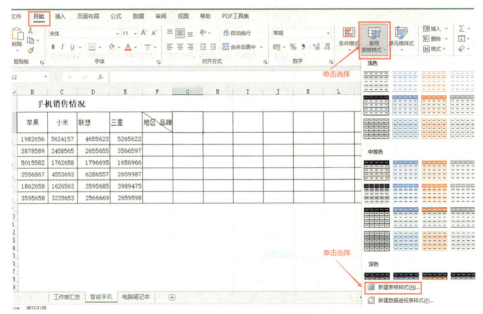

图3-79  转换为区域

## 3.4.12  自定义表格样式

如果对 Excel 内置的表格样式不满意,可以自定义专属的表格样式,具体操作如下:

单击"开始"选项卡下"样式"分组中"套用表格格式"的下拉按钮,在弹出的下拉列表中选择"新建表格样式"选项。如图3-80所示。

图3-80  选择新建表格样式

弹出"新建表样式"对话框后，在"表元素"列表框中选择设置格式的元素，本例中选择的是"整个表"，单击"格式"。如图 3-81 所示。

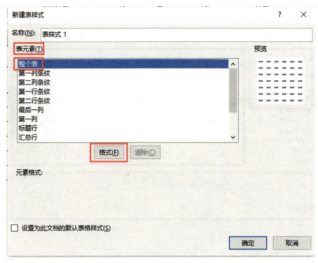

图3-81 选择表元素

弹出"设置单元格格式"对话框后，分别设置字体、边框以及填充样式，单击"确定"按钮。如图 3-82 所示。

图3-82 设置单元格格式

返回"新建表样式"对话框,根据上述的操作方法对其他元素设置相应的格式参数。在设置的过程中可以在"预览"栏中预览效果,设置完成后单击"确定"按钮。如图 3-83 所示。

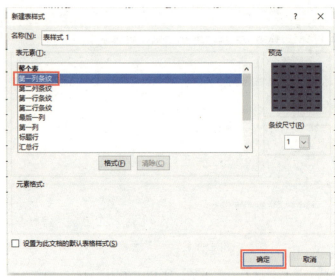

图3-83    设置其他格式参数

返回工作表,选中需要套用表格样式的单元格区域,单击"套用表格格式"按钮,在弹出的下拉列表"自定义"栏中可以看到自定义的表格样式,单击该样式。如图 3-84 所示。

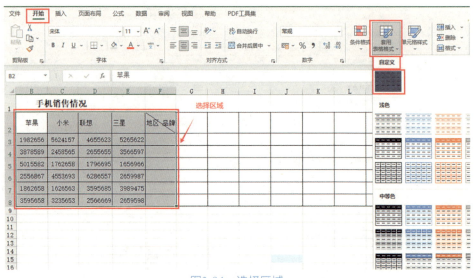

图3-84    选择区域

弹出"创建表"对话框后，单击"确定"按钮。如图 3-85 所示。

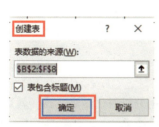

图3-85 选择自定义表格样式 图3-86 自定义表格样式效果

返回工作表即可看到应用后的效果。如图 3-86 所示。

# 图表的生成与美化

在 Excel 表格中，可以简单地制作一个对应的数据分析对比图表，这样就更加直观、一目了然。那么，如何在表格中制作图表呢？

## 4.1　认识图表

**图表：**以图形化的方式直观地显示工作表中的数据。它在表格数据的基础上创建，并随着表格数据的变化而变化，使我们更方便地查看数据的差异和预测趋势。

**柱形图：**在柱形图中，通常沿水平轴组织类别，沿垂直轴组织数值。柱形图一般用来比较两个或者两个以上的数值在不同的时间或者不同条件下的大小，只有一个变量，通常用于分析较小的数据集。柱形图亦可横向排列，这时，柱形图被称为条形图，可以用多维方式表达数据集。

**折线图：**折线图用来显示一段时间内的数据趋势。如数据在一段时间内呈增长趋势，在另一段时间内呈下降趋势，这时便可以通过折线图对数据的走势做出预测。在折线图中，类别数据沿水平轴均匀分布，所有数据沿垂直轴均匀分布。

**饼图：**用于对比几个数据在其形成的总和中所占的百分比值。饼图表示所有数据的总和，每个数据用一个楔形或薄片表示。

**XY 散点图：**用于展示成对的数和它们所代表的趋势之间的关系。散点图的重要作用是绘制函数曲线，从简单的三角函数、指数函数、对数函数到复杂的混合型函数，都可以利用它快速准确地绘制出曲线。因此，XY 散点图常用在教学、科学计算中。

**面积图：**面积图用于展示随着时间的变化而变化的数据，主要突出数据的总体趋势。如数据随时间递增或递减、数据是否呈周期性变化等。

**圆环图：**显示各个部分与整体的关系，可以包含多个数据系列。

**雷达图：**雷达图是以从同一点开始的轴上表示的三个或更多个定量变量的二维图表的形式，显示多个变量数据的图形方法。

**曲面图：**类别和数据系列都是数值时，可以使用曲面图，曲面图可以寻找两组数据之间的最佳组合。

**气泡图：**用于展示三个变量之间的关系。它与散点图类似，绘制时将一个变量放在横轴，另一个变量放在纵轴，而第三个变量则用气泡的大小来表示。

**股价图：**用来描绘价格的走势。

**圆锥图、圆柱图、棱锥图：**与柱形图、条形图类似。

对于大多数图表，如柱形图和条形图，可以将工作表的行或列中排列的数据绘制在其中。而有些图形类型，如饼图和气泡图，则需要特定的数据排列方式。

### 图表的创建与编辑

在"插入"选项卡下的"图表"分组中，有柱形图、条形图、层次结构图、瀑布图、漏斗图、骨架图、曲面图等图表样式。我们可以根据自己的需要，选择合适的图表样式。如图 4-1 所示。

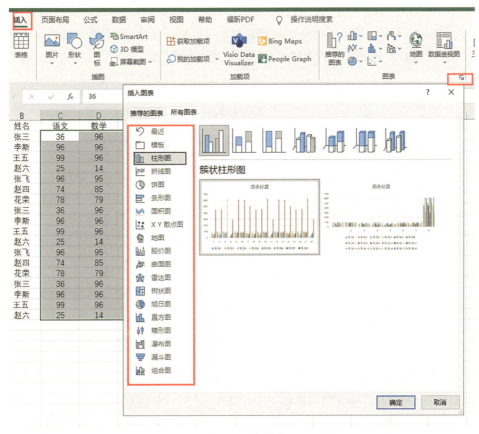

图4-1 图表样式

插入图表之后，左边表格内的全部数据就会在右边的图表里展现出来，这样看上去比较清晰。如图 4-2 所示。

图4-2　折线图演示

如图 4-3 所示，选中图表中的一条折线，单击鼠标右键，在新弹出的选择菜单中选择"添加数据标签"，对应的数字就会出现在折线上面。

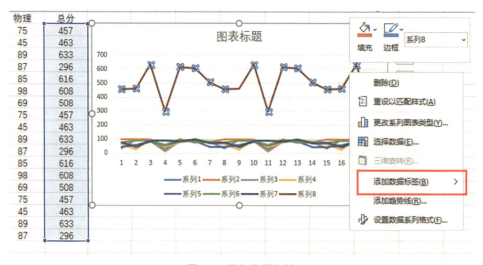

图4-3　添加数据标签

我们还可以将数据添加到图表中：点击选中整个图表，右键选择添加数据。在图表数据区域选中左边全部的数据，点击确定。这时，左边表格的全部数据就显示在右边的图表里面了。如图 4-4 所示。

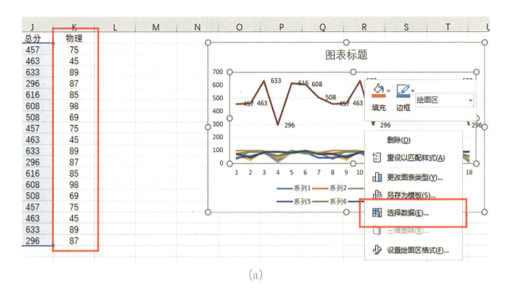

(a)

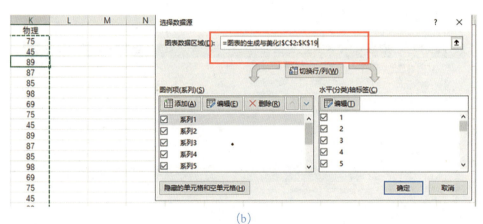

(b)

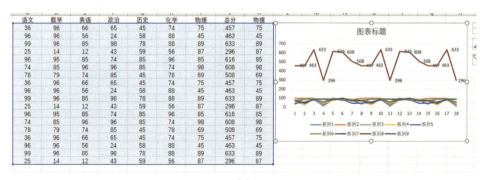

(c)

图4-4 插入数据

# 4.2　选择合适的图表

常用的图表类型有四种，分别是柱状图、条形图、折线图、饼状图。另外还有许多具有特殊作用的图表，如旭日图、瀑布图、直方图等，而每一种图表类型所展现的数据也是不同的。比如展现员工的业绩占比数据，使用饼状图会更加贴切、直观。

## 4.2.1　推荐的图表

面对不同的数据源、各式各样的图表类型，该如何选择合适的图表？这对于初学者来说，是比较苦恼的问题。

基于以上问题，为了帮助初学者尽快上手，Excel 提供了一个"推荐的图表"功能，即根据当前的数据为用户推荐相应的可用图表类型，帮助用户选择合适的图表。如图 4-5 中的数据源表格，既包含数值又包含百分比数据，该功能会根据两种不同的数据类型向用户推荐复合型图表。

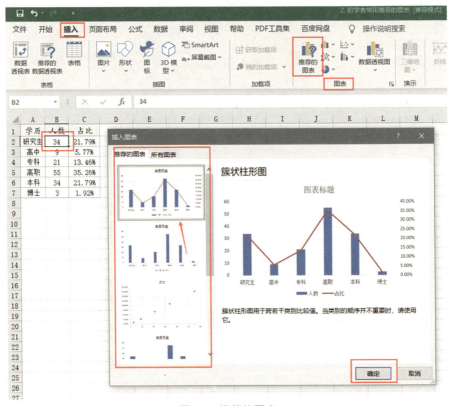

图4-5　推荐的图表

打开数据源表格并选中任意数据单元格，单击"插入"选项卡下的"图表"分组中的"推荐的图表"，打开"插入图表"对话框。该对话框的左侧是程序本身依据数据源的特点向用户推荐的所有合适的图表类型，一般选择推荐的第一个图表。图 4-5 选择的是"簇状柱形图"。

单击"确定"按钮即可完成图表创建，系统将百分比数据创建为次坐标上的折线图。如图 4-6 所示。

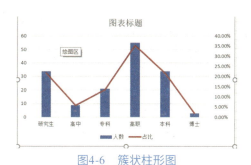

图4-6　簇状柱形图

## 4.2.2　柱形图

柱形图能够将数据的差距通过柱状条的高度落差体现出来，更加直观地对比数据的大小。所以，柱形图最适合用来比较数据的大小。

打开数据源表格并选中表格所有的单元格区域，单击"插入"选项卡下"图表"分组中"插入柱形图或条形图"的下拉按钮，在打开的下拉列表中选择"簇状柱形图"。如图 4-7 所示。

图4-7　选择簇状柱形图

选择"簇状柱形图"后，系统会根据选定的数据源创建簇状柱形图。如图4-8所示。

从图中可以清晰地看出每一位销售员上半年与下半年的销售业绩，以及他们彼此之间的差距。

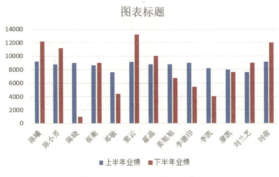

图4-8　员工业绩柱形图

### 4.2.3　饼图

要实现对部分占比的分析，最常用的就是"饼图"。

图4-9统计了某企业员工中不同的学历分别有多少人，然后用"饼图"做了一个清晰明了的占比图（不同的扇面代表不同数据的占比值），如图4-10所示。

打开数据源表格后，选中学历和人数所在列的单元格区域，单击"插入"选项卡下"图表"分组中"插入饼图"的下拉按钮，在打开的下拉列表中选择"饼图"。如图4-9所示。

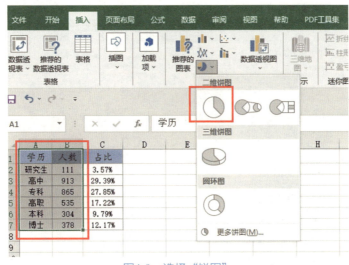

图4-9　选择"饼图"

观察生成的饼图，不同学历的员工的占比一目了然。如图 4-10 所示。

图4-10 员工学历饼状图

## 4.2.4 折线图

表达一段时间内数据的走势情况，"折线图"最合适，折线图能够清晰地表达数据随时间波动的趋势。

打开数据源表格，选中任意单元格，单击"插入"选项卡下"图表"分组中"插入折线图或面积图"的下拉按钮，在打开的下拉列表中选择"带数据标记的折线图"。如图 4-11 所示。

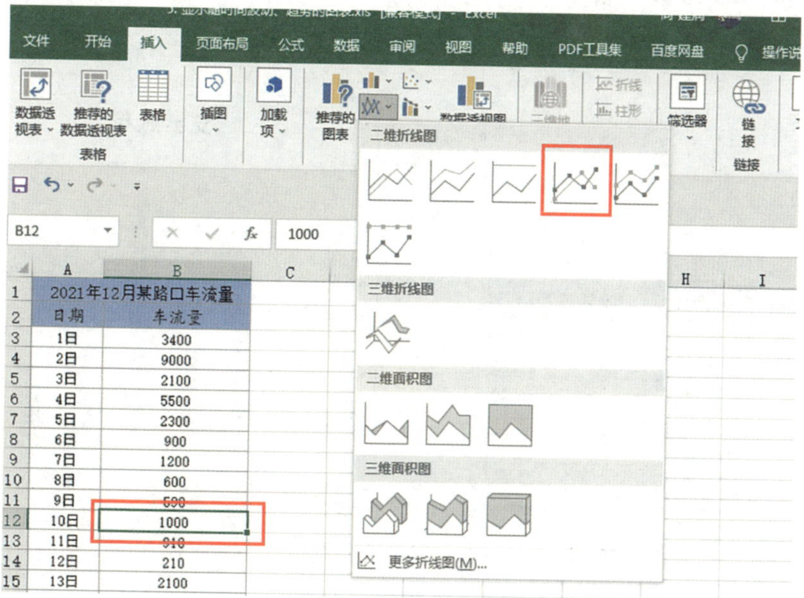

图4-11 选择折线图

根据系统生成的折线图，不难看出 12 月 1 日到 12 月 31 日的车流量整体呈下降趋势，其中，12 月 2 日的车流量最大。如图 4-12 所示。

图4-12    车流量折线图

## 4.2.5    旭日图

面对层次结构不同的数据源，Excel 提供了一种图表类型，即专门用于展现数据二级分类的"旭日图"（二级分类是指在大的一级分类下，还有下一级的分类，甚至更多的级别，当然，级别过多也会影响图表的表达效果）。旭日图是一个同心圆环，最内层的圆表示层次结构的顶级，往外是下一级的分类。

图 4-13 是某公司 5—8 月的支出金额，其中 8 月记录了各个项目的支出明细，现在，根据这张数据源表格创建柱形图。如图 4-14 所示的柱形图也能体现二级分类的数据，但无法直观地展示 8 月总支出金额的大小。

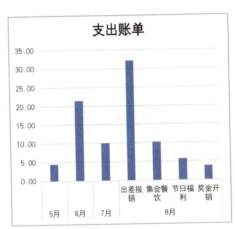

图4-13    支出统计表          图4-14    支出账单柱形图

旭日图的好处在于既能比较各个项目支出金额的大小，又能展示 8 月的总支出金额的大小。

选中所有数据的单元格区域，单击"插入"选项卡下"图表"分组中"插入层次结构图表"的下拉按钮，在打开的下拉列表中选择"旭日图"。如图 4-15 所示。

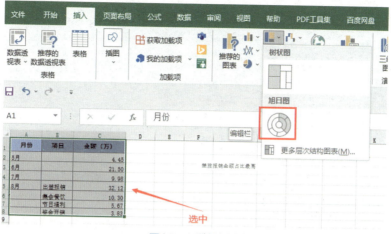

图4-15　选择插入旭日图

这时就可以从旭日图中清晰地看到，5月到8月支出总金额的大小以及8月中各个项目的支出金额。由此可以看出，旭日图有二级分类的效果。如图4-16所示。

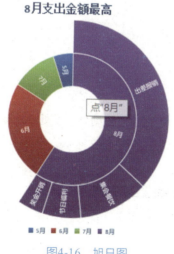

图4-16　旭日图

## 4.2.6　瀑布图

如果需要直观地显示数据增加与减少后的累计情况，可以使用"瀑布图"。瀑布图因其外观看起来像瀑布而得名，是柱形图的变形。

打开数据源表格，选中所有的数据单元格区域，单击"插入"选项卡下"图表"分组中"插入瀑布图或者股价图"的下拉按钮，在打开的下拉列表中选择"瀑布图"。如图4-17所示。

图4-17　选择瀑布图

此时，可以创建默认格式的瀑布图。如图 4-18 所示。

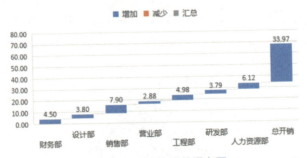

图4-18　默认格式的瀑布图

选中数据系列，在目标数据点"补助总额"处单击鼠标右键，在弹出的快捷菜单中选择"设置为汇总"命令。如图 4-19 所示。

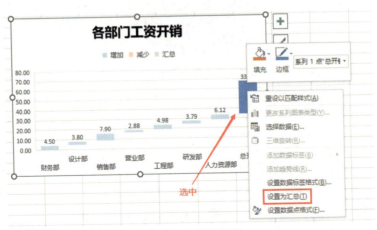

图4-19　设置为汇总

经过以上设置之后，可以更加直观地看到数据变化后的总计值。如图4-20所示。

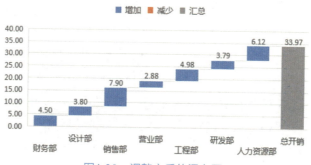

图4-20　调整之后的瀑布图

## 4.2.7　直方图

"直方图"是分析数据分布占比和分布频率的利器，利用直方图可以直观地展示无规律排列的数据的分布区间。

打开数据源表格后，选中所有数据单元格区域，单击"插入"选项卡下"图表"分组中"插入统计图表"的下拉按钮，在打开的下拉列表中选择"直方图"。如图4-21所示。

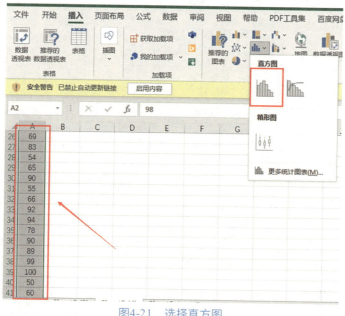

图4-21　选择直方图

完成上述操作后，即可创建如图 4-22 所示的直方图。

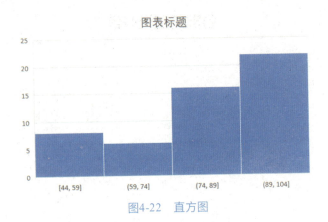

图4-22  直方图

接下来，选中水平轴并双击打开"设置坐标轴格式"窗口，在"坐标轴选项"栏下选中"箱宽度"单选按钮，并在文本框中输入"20.0"，意味着每隔 20 分为一个分段。这时，下面的"箱数"自动显示为"3"，表示已经将所有学员的成绩分成 3 个分段。如图 4-23 所示。

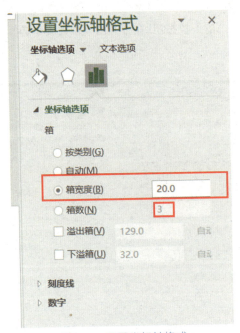

图4-23  设置坐标轴格式

经过上述操作，即可得到 3 个分数段区间的人数统计。通过直方图可以看出：84~104 分之间的人数最多，44~64 分之间的人数最少。如图 4-24 所示。

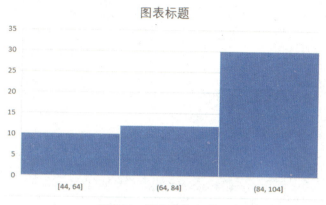

图4-24 三分段的直方图

### 4.2.8 排列图

如果需要分析影响产品质量的主要因素，可以选择"排列图"。下面通过一个例子进行说明：

打开数据源表格，选中所有数据单元格区域，单击"插入"选项卡下"图表"分组中"插入统计图表"的下拉按钮，在打开的下拉列表中选择"排列图"。如图 4-25 所示。

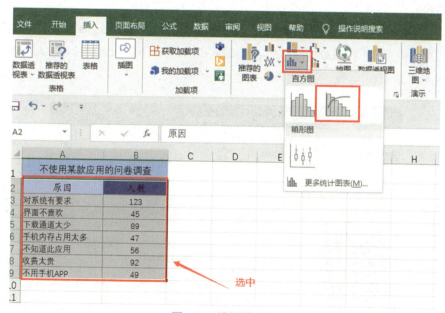

图4-25 选择排列图

执行上述操作，即可创建图表。通过该图表能够直观地看到，导致 App 下载量不高的主要因素是收费太贵，次要因素是手机内存占用太多。如图 4-26 所示。

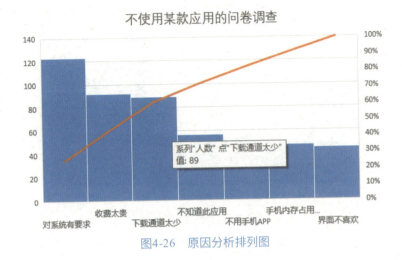

图4-26 原因分析排列图

### 4.2.9 漏斗图

在业务流程比较规范、周期长、环节多的流程分析中，通常情况下，数值逐渐减小，条形图呈现出漏斗形状，这种特殊形状的数据排列能直观地展现问题。下面这个例子是将招聘中每一个环节的数据总量进行汇总，从而得到在招聘的各个环节中的数据。

打开数据源表格后，选中 A2~B8 单元格区域，单击"插入"选项卡下"图表"分组中"插入瀑布图或股价图"的下拉按钮，在打开的下拉列表中选择"漏斗图"。如图 4-27 所示。

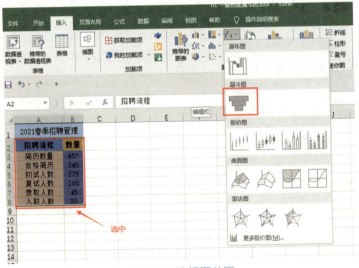

图4-27 选择漏斗图

接下来，重命名图表为"2021春季招聘管理"，从图中可以清晰地了解在招聘各个环节中的数据。如图4-28所示。

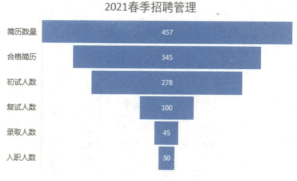

图4-28  2021春季招聘管理

## 4.2.10  复合型图表

如果希望在一张图表中同时体现两种不同的数据特征，可以使用"复合型图表"。复合型图表，顾名思义，就是在同一个图表中使用两种不同类型的图表。下面这个例子中，我们将尝试创建"簇形柱状图 - 次坐标上的折线图"复合型图表。

打开数据源表格，选中数据单元格，单击"插入"选项卡下"图表"分组中"插入组合图"的下拉按钮，在打开的下拉列表中选择"簇形柱状图 - 次坐标上的折线图"。如图4-29所示。

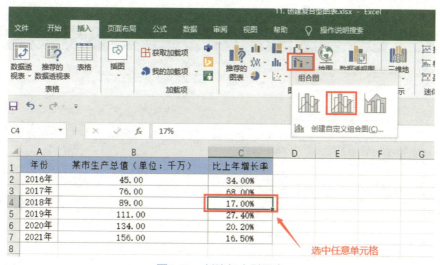

图4-29  创建复合型图表

　　经过上述操作之后，就可以得到"簇形柱状图 - 次坐标上的折线图"复合型图表，从图中可以看出近五年的生产总值相比上年的增长率呈现先增长后降低再增长再降低的趋势。如图 4-30 所示。

图4-30　复合型图表

## 4.2.11　簇状条形图

　　我们可能只需要针对 Excel 表格中的部分数据建立图表，这时就需要选用任意数据创建图表。

　　打开数据源表格，按住 Ctrl 键不松，选中 A1~B1、A5~B7 单元格区域，单击"插入"选项卡下"图表"分组中"插入柱形图或者条形图"的下拉按钮，在打开的下拉列表中选择"簇状条形图"。如图 4-31 所示。

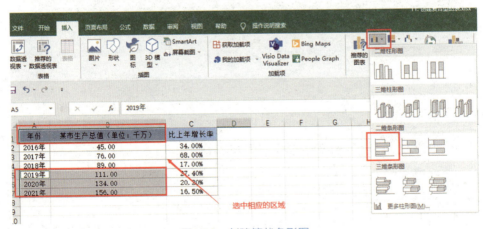

图4-31　创建簇状条形图

　　经过上述操作之后，可以得到只用部分数据创建的簇状条形图。如图 4-32 所示。

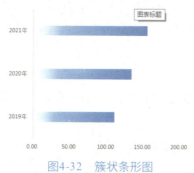

图4-32　簇状条形图

# 4.3　迷你图的创建与编辑技巧

打开一个工作样表，如图 4-33 所示。

| | A | B | C | D |
|---|---|---|---|---|
| 1 | 序号 | 姓名 | 语文 | 数学 |
| 2 | 1 | 张三 | 36 | 96 |
| 3 | 2 | 李斯 | 96 | 96 |
| 4 | 3 | 王五 | 99 | 96 |
| 5 | 4 | 赵六 | 25 | 14 |
| 6 | 5 | 张飞 | 96 | 95 |
| 7 | 6 | 赵四 | 74 | 85 |
| 8 | 7 | 花荣 | 78 | 79 |
| 9 | 8 | 张三 | 36 | 96 |
| 10 | 9 | 李斯 | 96 | 96 |
| 11 | 10 | 王五 | 99 | 96 |
| 12 | 11 | 赵六 | 25 | 14 |
| 13 | 12 | 张飞 | 96 | 95 |
| 14 | 13 | 赵四 | 74 | 85 |
| 15 | 14 | 花荣 | 78 | 79 |
| 16 | 15 | 张三 | 36 | 96 |
| 17 | 16 | 李斯 | 96 | 96 |
| 18 | 17 | 王五 | 99 | 96 |
| 19 | 18 | 赵六 | 25 | 14 |
| 20 | | | | |

图4-33　示例

找到"插入"选项卡下的"迷你图"分组，该分组包含折线、柱形和盈亏三种，选择任意一种迷你图插入。如图 4-34 所示。

图4-34　插入迷你图

选择任意空白的单元格,插入选中的迷你图,弹出一个设置面板。如图 4-35 所示。

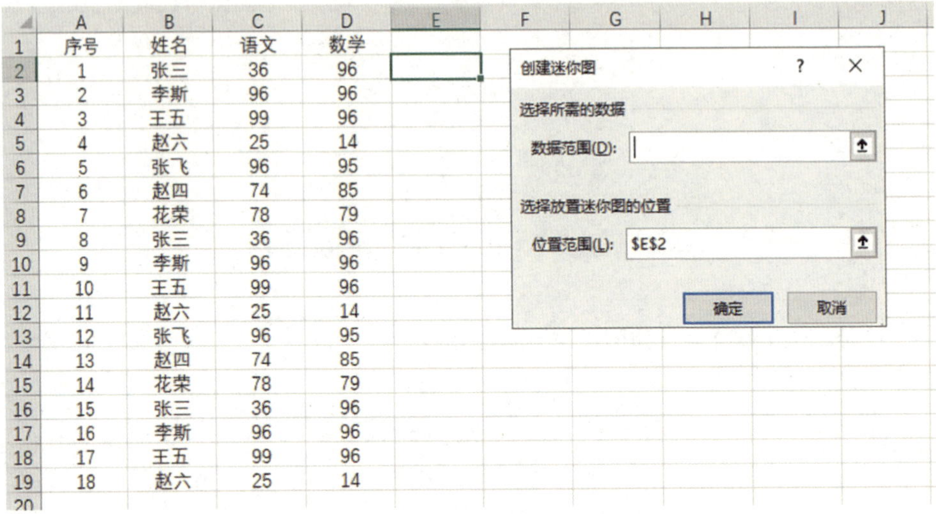

| | A | B | C | D | E |
|---|---|---|---|---|---|
| 1 | 序号 | 姓名 | 语文 | 数学 | |
| 2 | 1 | 张三 | 36 | 96 | |
| 3 | 2 | 李斯 | 96 | 96 | |
| 4 | 3 | 王五 | 99 | 96 | |
| 5 | 4 | 赵六 | 25 | 14 | |
| 6 | 5 | 张飞 | 96 | 95 | |
| 7 | 6 | 赵四 | 74 | 85 | |
| 8 | 7 | 花荣 | 78 | 79 | |
| 9 | 8 | 张三 | 36 | 96 | |
| 10 | 9 | 李斯 | 96 | 96 | |
| 11 | 10 | 王五 | 99 | 96 | |
| 12 | 11 | 赵六 | 25 | 14 | |
| 13 | 12 | 张飞 | 96 | 95 | |
| 14 | 13 | 赵四 | 74 | 85 | |
| 15 | 14 | 花荣 | 78 | 79 | |
| 16 | 15 | 张三 | 36 | 96 | |
| 17 | 16 | 李斯 | 96 | 96 | |
| 18 | 17 | 王五 | 99 | 96 | |
| 19 | 18 | 赵六 | 25 | 14 | |

创建迷你图

选择所需的数据

数据范围(D):

选择放置迷你图的位置

位置范围(L): $E$2

确定　取消

图4-35　迷你图设置面板

在数据范围内输入样本数据范围,点击"确定"。如图 4-36 所示。

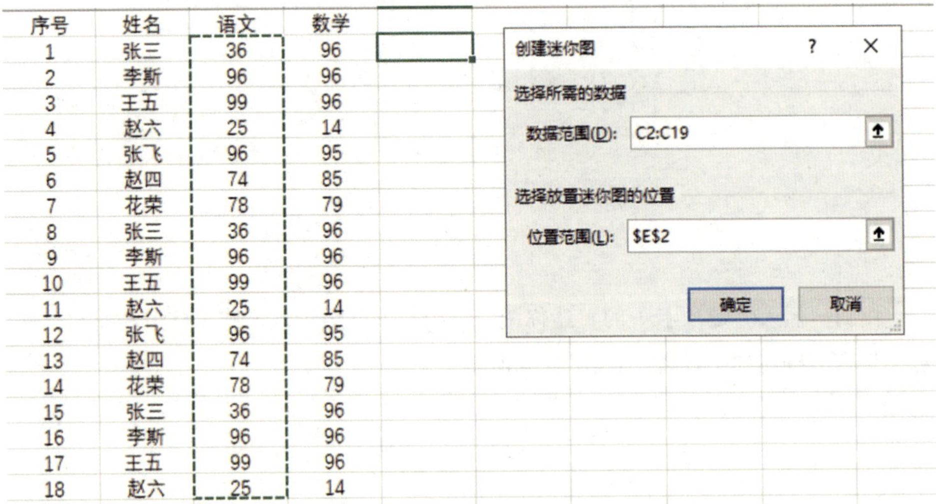

| 序号 | 姓名 | 语文 | 数学 | |
|---|---|---|---|---|
| 1 | 张三 | 36 | 96 | |
| 2 | 李斯 | 96 | 96 | |
| 3 | 王五 | 99 | 96 | |
| 4 | 赵六 | 25 | 14 | |
| 5 | 张飞 | 96 | 95 | |
| 6 | 赵四 | 74 | 85 | |
| 7 | 花荣 | 78 | 79 | |
| 8 | 张三 | 36 | 96 | |
| 9 | 李斯 | 96 | 96 | |
| 10 | 王五 | 99 | 96 | |
| 11 | 赵六 | 25 | 14 | |
| 12 | 张飞 | 96 | 95 | |
| 13 | 赵四 | 74 | 85 | |
| 14 | 花荣 | 78 | 79 | |
| 15 | 张三 | 36 | 96 | |
| 16 | 李斯 | 96 | 96 | |
| 17 | 王五 | 99 | 96 | |
| 18 | 赵六 | 25 | 14 | |

创建迷你图

选择所需的数据

数据范围(D): C2:C19

选择放置迷你图的位置

位置范围(L): $E$2

确定　取消

图4-36　选择数据范围

单个迷你图只支持单行单列，不支持二维区域范围。如图4-37所示。

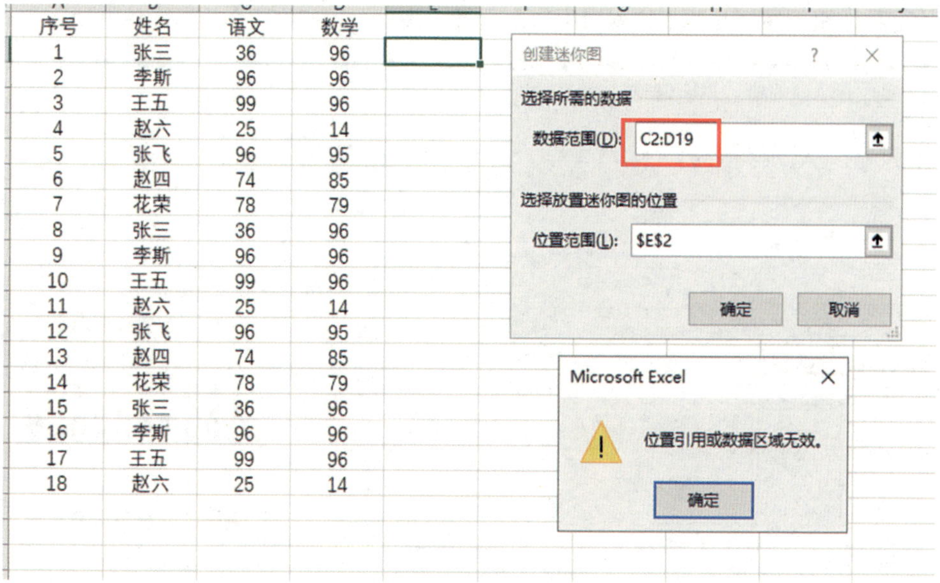

| 序号 | 姓名 | 语文 | 数学 |
| --- | --- | --- | --- |
| 1 | 张三 | 36 | 96 |
| 2 | 李斯 | 96 | 96 |
| 3 | 王五 | 99 | 96 |
| 4 | 赵六 | 25 | 14 |
| 5 | 张飞 | 96 | 95 |
| 6 | 赵四 | 74 | 85 |
| 7 | 花荣 | 78 | 79 |
| 8 | 张三 | 36 | 96 |
| 9 | 李斯 | 96 | 96 |
| 10 | 王五 | 99 | 96 |
| 11 | 赵六 | 25 | 14 |
| 12 | 张飞 | 96 | 95 |
| 13 | 赵四 | 74 | 85 |
| 14 | 花荣 | 78 | 79 |
| 15 | 张三 | 36 | 96 |
| 16 | 李斯 | 96 | 96 |
| 17 | 王五 | 99 | 96 |
| 18 | 赵六 | 25 | 14 |

**创建迷你图**

选择所需的数据

数据范围(D)：C2:D19

选择放置迷你图的位置

位置范围(L)：$E$2

确定　　取消

Microsoft Excel

⚠ 位置引用或数据区域无效。

确定

图4-37　错误提示

成功插入迷你图后，使用填充功能创建其他数据样本的迷你图，填充规则由原样本区域的形状决定。如图4-38所示。

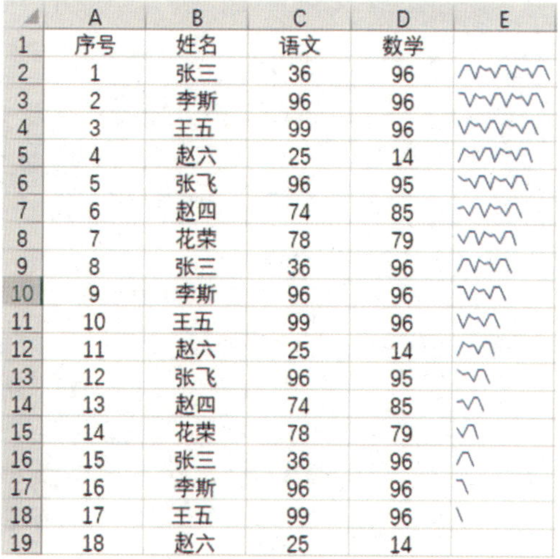

| | A | B | C | D | E |
| --- | --- | --- | --- | --- | --- |
| 1 | 序号 | 姓名 | 语文 | 数学 | |
| 2 | 1 | 张三 | 36 | 96 | |
| 3 | 2 | 李斯 | 96 | 96 | |
| 4 | 3 | 王五 | 99 | 96 | |
| 5 | 4 | 赵六 | 25 | 14 | |
| 6 | 5 | 张飞 | 96 | 95 | |
| 7 | 6 | 赵四 | 74 | 85 | |
| 8 | 7 | 花荣 | 78 | 79 | |
| 9 | 8 | 张三 | 36 | 96 | |
| 10 | 9 | 李斯 | 96 | 96 | |
| 11 | 10 | 王五 | 99 | 96 | |
| 12 | 11 | 赵六 | 25 | 14 | |
| 13 | 12 | 张飞 | 96 | 95 | |
| 14 | 13 | 赵四 | 74 | 85 | |
| 15 | 14 | 花荣 | 78 | 79 | |
| 16 | 15 | 张三 | 36 | 96 | |
| 17 | 16 | 李斯 | 96 | 96 | |
| 18 | 17 | 王五 | 99 | 96 | |
| 19 | 18 | 赵六 | 25 | 14 | |

图4-38　成功插入迷你图

创建折线迷你图之后，标记出高低点，可以让折线图的显示效果更加直观。此外，也可以标记高点、低点、首点、尾点等。下面为标记高点与低点的例子。

选中迷你图之后，单击"迷你图工具/设计"选项卡下"样式"分组中"标记颜色"的下拉按钮，在打开的下拉列表中依次选择"高点"→"红色"。如图4-39所示。

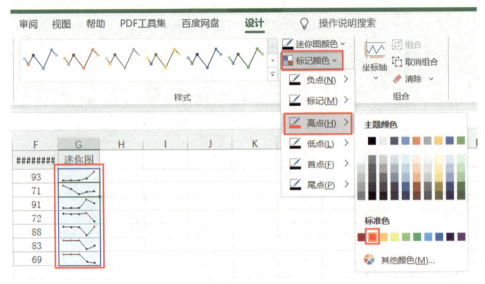

图4-39 标记高点

单击"迷你图工具/设计"选项卡下"样式"分组中"标记颜色"的下拉按钮，在打开的下拉列表中依次选择"低点"→"黑色"。如图4-40所示。

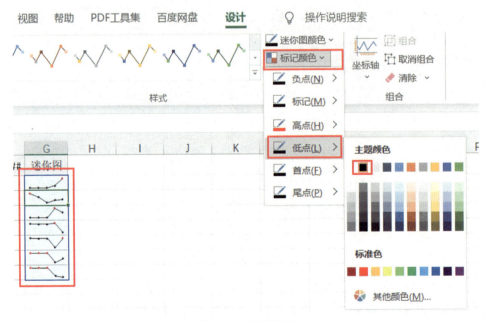

图4-40 标记低点

设置完成后，可以看到迷你图的最高点和最低点都以特殊格式突出标记。如图 4-41 所示。

| 17/9/23 | 2017/11/9 | 迷你图 |
|---|---|---|
| 90 | 93 | |
| 65 | 71 | |
| 92 | 91 | |
| 89 | 72 | |
| 69 | 88 | |
| 78 | 83 | |
| 71 | 69 | |

图4-41　特殊标记的迷你图

# 4.4　图表美化

掌握了图表的基础操作之后，接下来学习如何美化图表。

图表的美化就是对图表中各种元素的设计，包括元素的位置，填充轮廓效果，图形、图片装饰等，美化图表可以为图表"锦上添花"。

## 4.4.1　图表的构图要素

虽然强调图表布局简洁，但必要的构图要素不能少。一般而言，一个合格的图表应该包含以下要素：主标题、副标题（可视情况而定）、单位（金额单位不是以"元"为单位时需标注）、图例（多系列时）、绘图和脚注信息等。如图 4-42 所示。

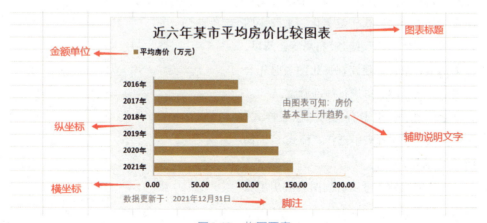

图4-42　构图要素

图表的标题与文档、表格的标题一样，用来阐述图表的重要信息。图表标题有两个方面的要求：第一个方面的要求是图表标题的设计要足够鲜明；第二个方面的要求是标题的内容应表达出主题。标题明确的图表，能够更快地引导客户理解图表的意义和目的。

图例一般在两个或者两个以上的数据系列的图表中出现。通常，在单数据系列的图表中不需要图例。

脚注用以标明数据来源等信息。

### 4.4.2　图表美化的宗旨

初学者在创建图表时，要牢记美化图表的宗旨是简约、整洁，不要一味地追求花哨的设计，过于花哨的图表会造成信息读取障碍，而简洁的图表不但美观，展示数据也更加直观。下面是美化图表时简约、整洁的技巧：

（1）多数情况无须使用坐标轴，需要时使用淡色。

（2）图例根据情况选择是否使用。

（3）注意强弱对比（弱化非数据元素的同时增强和突出数据元素）。

（4）背景填充色因图而异，需要时使用淡色。

（5）无须应用 3D 效果。

（6）网格线根据情况选择是否使用，需要时使用淡色。

（7）慎用渐变色（涉及颜色搭配技巧，初学者不容易掌握）。

### 4.4.3　套用样式一键美化

我们创建的图表，应用的是最常规的、没有什么特色的样式。如果想要快速美化图表，可以套用样式一键美化，来改变图表的填充颜色、边框、线条、布局等。所以，对于初学者来说，建议在美化图表时先套用图表样式，然后再进行局部调整。

选中图表，单击右侧的"图表样式"按钮，在打开的列表中选择"样式 1"。如图 4-43 所示。

设置完成后，可以看到图表应用了新样式。如图 4-44 所示。

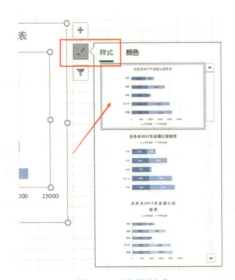

图4-43　选择样式

图4-44 应用了新样式的业绩比较图表

### 4.4.4 填色设置

有时，我们需要突出图表中的一项或者某几项重要的数据系列，使用颜色填充即可实现。

选中数据系列，在"9000"数据点上单击一下，即可单独选中该数据点。单击"图表工具 / 格式"选项卡下"形状样式"分组中"形状填充"的下拉按钮，在打开的下拉列表中选择"红色"。如图 4-45 所示。

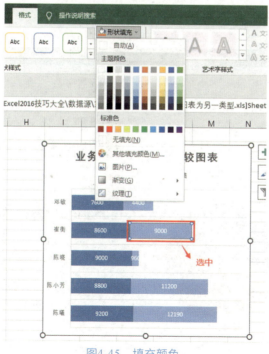

图4-45 填充颜色

执行完上述操作后，可以看到目标对象重新设置了填充色。如图4-46所示。

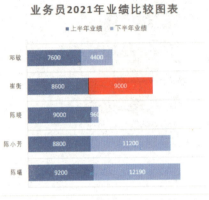

图4-46　填充颜色后的业绩比较图表

### 4.4.5　边框或线条设置

除了可以为指定对象设置填色效果，还可以为指定的单个对象设置边框和线条。下面这个例子，是将饼图中占比最高的扇面分离出来，并重新设置了边框和线条。

选中数据系列后，单击"高职"数据系列，即可选中该对象。单击"图表工具 / 格式"选项卡下"形状样式"分组中"形状轮廓"的下拉按钮，在打开的下拉列表中依次选择"粗细"→"1.5磅"。如图4-47所示。

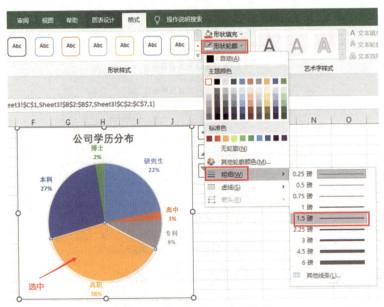

图4-47　改变轮廓与线条粗细

继续单击"形状轮廓"下拉按钮，在下拉列表中选择"黑色"。如图 4-48 所示。

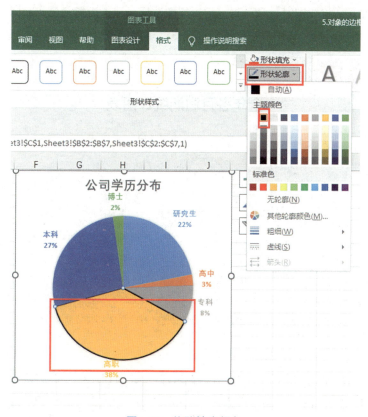

图4-48　修改轮廓颜色

此时，我们可以看到"高职"数据系列已经变成加粗的黑色轮廓效果。如图 4-49 所示。

选中该数据系列，按住鼠标左键向下拖动到如图 4-50 的位置即可使所选数据系列从整个饼图中分离出来。

图4-49　加粗的黑色轮廓效果

图4-50　分离饼图

### 4.4.6　数据标记点设置

设计 Excel 折线图时，默认插入的折线图数据标记点为橘黄色实心圆点的效果，如图 4-51 所示。为了突出显示数据的标记点，可以重新为其设置颜色、填充以及外观样式等。

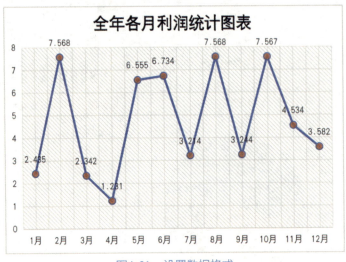

图4-51　设置数据格式

双击图表中的折线图，打开"设置数据系列格式"窗口。将"标记"选项卡下的"标记选项"栏中的"内置"类型设置为"三角形标注"，大小为"6"即可，如图 4-52 所示。之后切换至"填充"栏，设置纯色填充颜色为绿色即可，如图 4-53 所示。

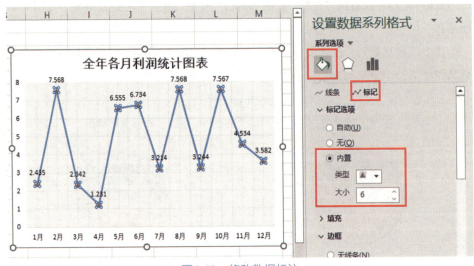

图4-52　修改数据标注

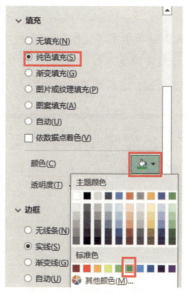

图4-53 颜色填充

设置完成后，即可看到折线图中的数据标记点显示为绿色填充三角形效果，如图 4-54 所示。

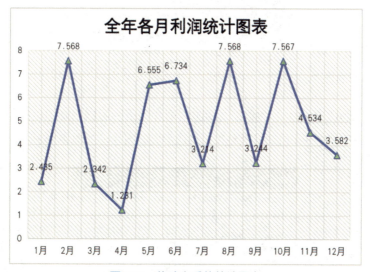

图4-54 修改之后的统计图表

### 4.4.7 使用图形、图片、文本框辅助设计

图形、图片、文本框这些外部元素可以帮助我们美化图表。文本框一般用来添加副标题、数据来源等信息；图形或者图片用来修饰图表，让图表的数据表达更清晰、

更直观。

　　打开图表，单击"插入"选项卡下"文本"分组中"文本框"的下拉按钮，在打开的下拉列表中选择"绘制横排文本框"。此时，按住鼠标左键不松，将文本框放在合理的位置。如图 4-55 所示。之后调整文本框的大小并输入文本。

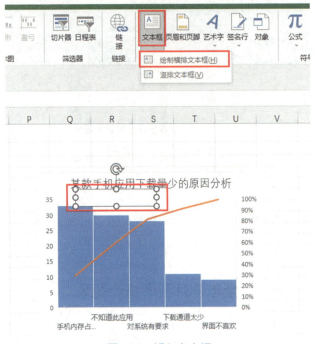

图4-55　插入文本框

　　单击"插入"选项卡下"插图"分组中"图片"的下拉按钮，在弹出的"插入图片"对话框中打开图片所在的文件夹路径，选择需要的图片。如图 4-56 所示。

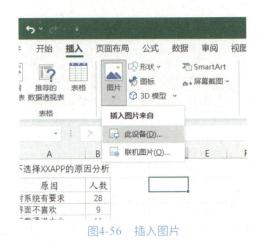

图4-56　插入图片

这时，单击"插入"按钮即可插入图片。如图 4-57 所示。

图4-57 选择需要插入的图片

拖动图片拐角控点来调节图片的大小，然后移至合适的位置。如图 4-58 所示。

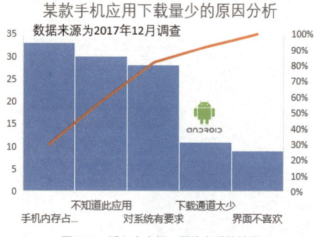

图4-58 插入文本框、图片之后的效果

单击"插入"选项卡下"插图"分组中"形状"的下拉按钮，在打开的下拉列表中选择"棱台"。如图 4-59 所示。

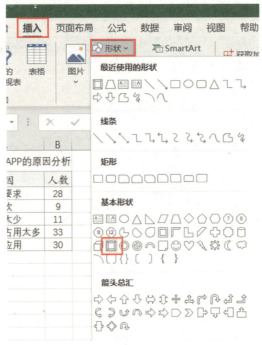

图4-59 插入形状

在合适的位置绘制一个大小合适的棱台。选中棱台后单击鼠标右键，在弹出的快捷菜单中选择"置于底层"命令，即可让棱台显示在图表的下方。如图4-60所示。

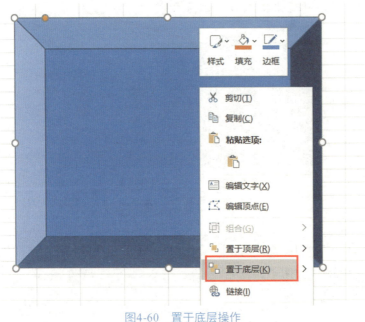

图4-60 置于底层操作

依次单击选中所有对象，即图表、文本框、图形和图片，单击鼠标右键，在弹出的快捷菜单中选择"组合"→"组合"命令，将多个对象组合成一个整体。效果如图 4-61 所示。

图4-61 组合所有对象

## 4.4.8 复制图表样式

为图表设计好样式后，可以使用"选择性粘贴"功能快速为其他图表应用相同的样式（包括标题格式、绘图区格式、数据系列以及数据标签格式等）。

打开一个待复制的图表，选中该图表，按"Ctrl+C"快捷键进行复制，或者单击鼠标右键，并在弹出的快捷菜单中选择"复制"。如图 4-62 所示。

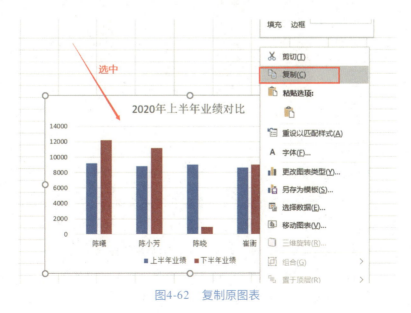

图4-62 复制原图表

　　打开需要应用相同样式的图表，单击"开始"选项卡下"剪贴板"中"粘贴"的下拉按钮，在打开的下拉列表中选择"选择性粘贴"，打开"选择性粘贴"对话框，在"粘贴"栏下选中"格式"单选按钮。如图 4-63 所示。

图4-63　粘贴图表样式

　　单击"确定"按钮，可以看到新图表应用了复制过来的图表样式。如图 4-64 所示。

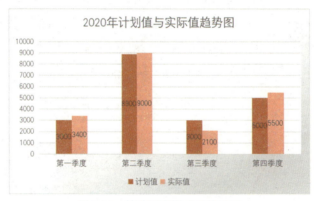

图4-64　粘贴图表样式后的效果

### 4.4.9　保存图表模板

　　在美化图表时，"复制图表样式"为我们提供了不少便利，但使用复制图表样式的前提是准备好设计好的图表。没有设计好的图表的话，我们可以在网上搜一些好看的图表并下载，将其保存为模板，方便下次直接套用该图表样式。

　　选中设计好的图表并单击鼠标右键，在弹出的快捷菜单中选择"另存为模板"命令，打开"保存图表模板"对话框。如图 4-65 所示。

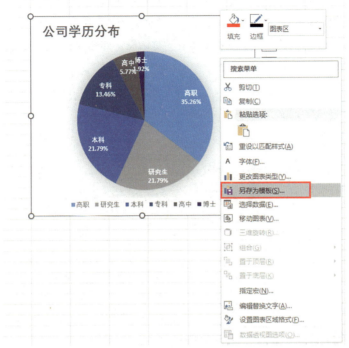

图4-65    另存为模板

保持默认的路径不变,文件名为"自定义模板1"。如图4-66所示。

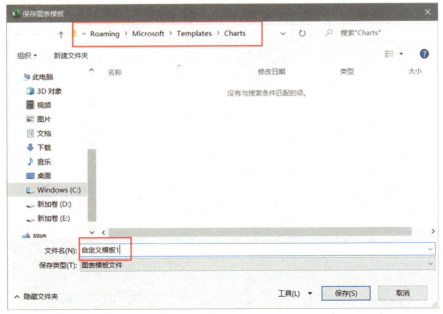

图4-66    保存模板

　　单击"保存"按钮，将其保存为"自定义图表模板"。在应用时，我们先创建或者打开需要应用模板样式的图表，然后单击鼠标右键，在弹出的快捷菜单中选择"更改图表类型"命令，打开"更改图表类型"对话框，如图 4-67 所示。

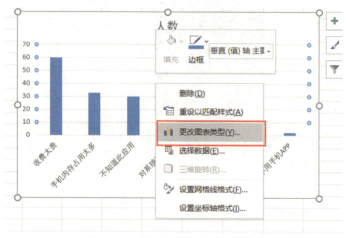

图4-67　执行更改图表类型操作

　　在左侧列表选择"模板"，在右侧选择"自定义模板 1"。如图 4-68 所示。

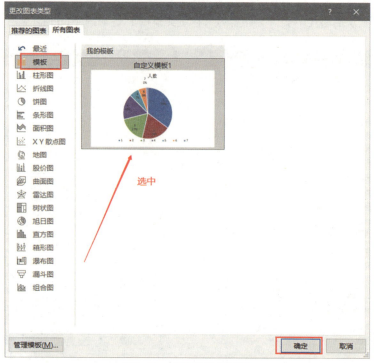

图4-68　应用存好的模板

　　单击"确定"按钮完成设置。此时，我们可以看到选中的图表应用了指定的模板样式（包括标题、绘图区格式、图表类型等），对图表简单调整即可得到合适的图表。如图 4-69 所示。

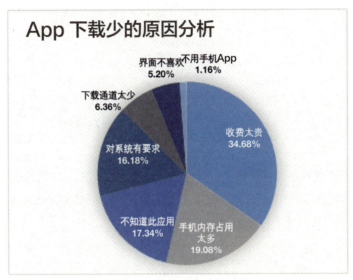

图4-69　模板应用后的效果

第 5 章

# 数据分析、预测与汇总

## 5.1 使用条件格式分析数据

在 Excel 中设置条件格式除了可以突出显示指定的数据，还可以进行数据分析。条件格式是指当单元格中的数据满足某个设定的条件时，系统会自动将其以设定的格式显示出来，从而使表格看起来更加直观。

### 5.1.1 突出显示符合特定条件的单元格

在编辑工作表时，可以利用条件格式的功能，让符合特定条件的单元格数据突出显示出来，以便更好地查看工作表的数据信息，具体操作如下：

选择需要设置条件格式的单元格区域，单击"开始"选项卡下"样式"分组中"条件格式"的下拉按钮，在弹出的下拉列表中选择"突出显示单元格规则"选项，在弹出的扩展列表中选择条件，在本例中选择"文本包含"。如图 5-1 所示。

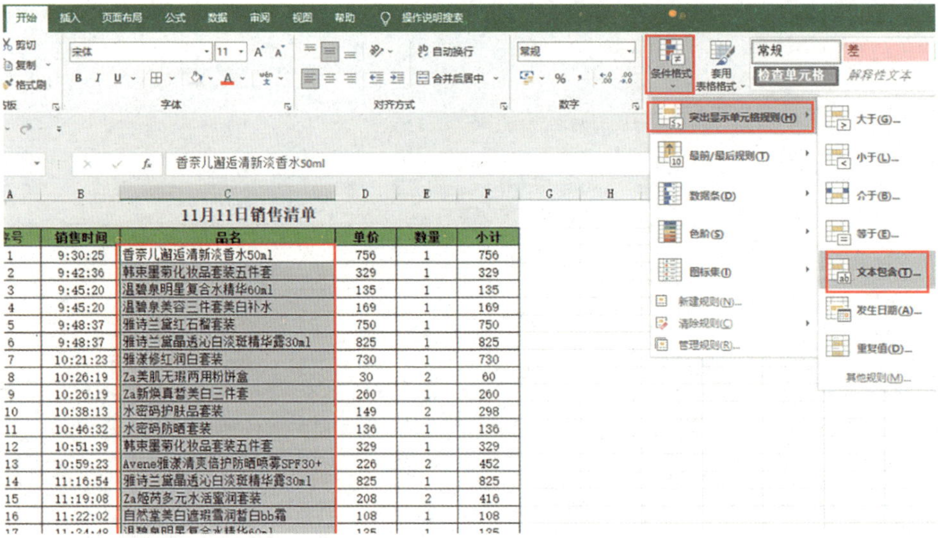

图5-1 选择文本包含

在弹出的"文本中包含"对话框中，设置具体的条件和显示方式，单击"确定"按钮。如图 5-2 所示。

图5-2　设置条件和显示方式

返回工作表，可以看到设置完条件格式后的效果。

本例通过浅红填充色和深红色文本突显符合我们设置特定条件的单元格数据。如图 5-3 所示。

| | A | B | C |
|---|---|---|---|
| 1 | | **6月9日销售清单** | |
| 2 | **销售时间** | **品名** | **单价** |
| 3 | 9:30:25 | 香奈儿邂逅清新淡香水50ml | 756 |
| 4 | 9:42:36 | 韩束墨菊化妆品套装五件套 | 329 |
| 5 | 9:45:20 | 温碧泉明星复合水精华60ml | 135 |
| 6 | 9:45:20 | 温碧泉美容三件套美白补水 | 169 |
| 7 | 9:48:37 | 雅诗兰黛红石榴套装 | 750 |
| 8 | 9:48:37 | 雅诗兰黛晶透沁白淡斑精华露30ml | 825 |
| 9 | 10:21:23 | 雅漾修红润白套装 | 730 |
| 10 | 10:26:19 | Za美肌无瑕两用粉饼盒 | 30 |
| 11 | 10:26:19 | Za新焕真皙美白三件套 | 260 |
| 12 | 10:38:13 | 水密码护肤品套装 | 149 |
| 13 | 10:46:32 | 水密码防晒套装 | 136 |
| 14 | 10:51:39 | 韩束墨菊化妆品套装五件套 | 329 |
| 15 | 10:59:23 | Avene雅漾清爽倍护防晒喷雾SPF30+ | 226 |
| 16 | 11:16:54 | 雅诗兰黛晶透沁白淡斑精华露30ml | 825 |
| 17 | 11:19:08 | Za姬芮多元水活蜜润套装 | 208 |
| 18 | 11:22:02 | 自然堂美白遮瑕雪润皙白bb霜 | 108 |
| 19 | 11:34:48 | 温碧泉明星复合水精华 | 135 |
| 20 | 11:47:02 | 卡姿兰甜美粉嫩公主彩妆套装 | 280 |
| 21 | 11:56:23 | 雅漾修红润白套装 | 730 |
| 22 | 12:02:13 | 温碧泉明星复合水精华60ml | 135 |

图5-3　突出显示符合特定条件的单元格数据

### 5.1.2　突出显示高于或低于平均值的数据

使用条件格式来显示单元格数据时，可以将高于或者低于平均值的数据突出显示，使表格看起来更加直观，具体操作方法如下：

选中需要设置条件格式的单元格区域，在"开始"选项卡下选中"条件格式"，在"条件格式"的下拉列表中选择"最前／最后规则"，在弹出的扩展列表中选择"低于平均值"。如图 5-4 所示。

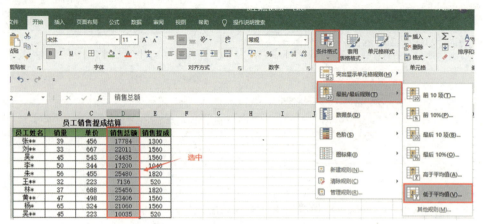

图5-4　选择低于平均值

在弹出的"低于平均值"对话框中选择"针对选定区域，设置为"，在下拉列表中选择需要的单元格格式，单击"确定"按钮。如图 5-5 所示。

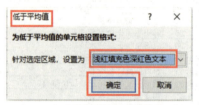

图5-5　选择需要的单元格格式

返回工作表即可查看低于平均值的数据，这些数据会以我们设置好的格式突显出来。如图 5-6 所示。

| 员工销售提成结算 | | | | |
| 员工姓名 | 销量 | 单价 | 销售总额 | 销售提成 |
| --- | --- | --- | --- | --- |
| 张** | 39 | 456 | 17784 | 1300 |
| 刘** | 33 | 667 | 22011 | 1560 |
| 吴* | 45 | 543 | 24435 | 1560 |
| 李* | 50 | 344 | 17200 | 1040 |
| 朱* | 56 | 455 | 25480 | 1820 |
| 王** | 32 | 223 | 7136 | 520 |
| 林* | 37 | 688 | 25456 | 1820 |
| 黄** | 47 | 498 | 23406 | 1560 |
| 杨* | 65 | 324 | 21060 | 1560 |
| 吴** | 45 | 223 | 10035 | 520 |

低于平均值的都已突出显示

图5-6　突出显示低于平均值的数据

### 5.1.3　将排名前几位的数据突出显示

我们可以通过突出显示排名前几位的数据信息，使数据看起来更加直观，具体操作方法如下：

选择要设置条件格式的单元格区域，单击"开始"选项卡下"样式"分组中"条件格式"的下拉按钮，在弹出的下拉列表中选择"最前/最后规则"，在弹出的扩展列表中选择"前 10 项"选项。如图 5-7 所示。

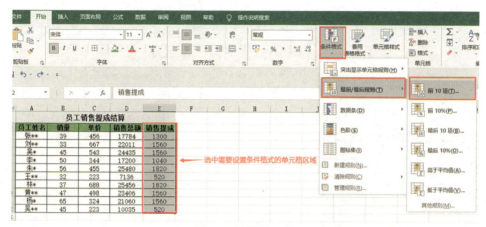

图5-7 选择前10项

在弹出的"前 10 项"对话框中将微调框中的值设置为 4，在"设置为"下拉列表中选择需要的格式，单击"确定"按钮。如图 5-8 所示。

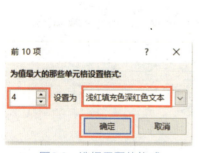

图5-8 选择需要的格式

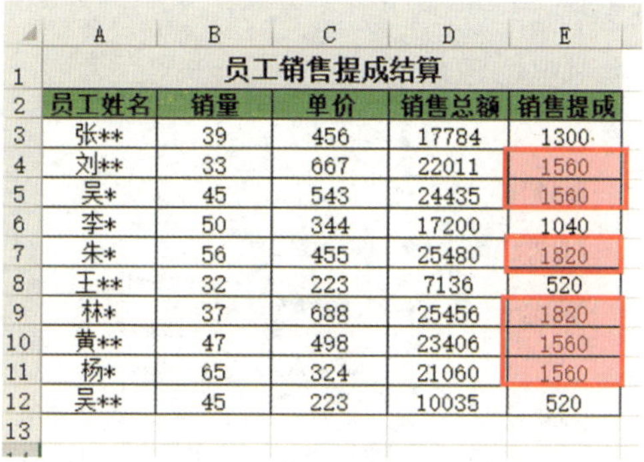

图5-9 突出显示排名前几位的数据

返回工作表后就应该看到突出显示员工销售提成排名前 4 的数据。但由于本表格前 4 位中有两个相等的数据并列第 1，4 个相等的数据并列第 3，因此，我们可以看到 6 个突出显示的单元格。如图 5-9 所示。

### 5.1.4 突出显示重复数据

为了方便查看或者管理表格数据，可以根据需要对突出显示重复数据进行设置，具体操作如下：

选中要设置突出显示重复数据的单元格区域，单击"条件格式"的下拉按钮，在弹出的下拉列表中选择"突出显示单元格规则"，在弹出的扩展列表中选择"重复值"选项。如图5-10所示。

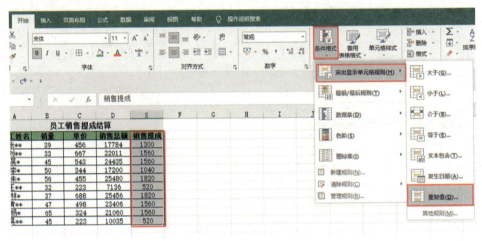

图5-10　选择重复值

在弹出的"重复值"对话框中设置重复值的单元格格式，设置完成后单击"确定"按钮。如图5-11所示。

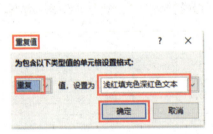

图5-11　设置重复值的单元格格式　　　　图5-12　突出显示重复数据

返回工作表后即可看到突出显示的重复数据的单元格。如图5-12所示。

## 5.1.5　用不同的颜色显示不同范围的数据值

Excel提供了色阶功能，在该功能下，可以在单元格区域中以双色渐变或者三色渐变的形式显示数据，这可以使我们更加清晰、直观地了解工作表中数据信息的分布和变化。如果要以不同的颜色显示单元格不同范围的数据值，具体操作如下：

选中需要设置条件格式的单元格区域，单击"条件格式"下拉按钮，在弹出的下拉列表中选择"色阶"选项，然后在弹出的扩展列表中选择一种双色渐变方式的色阶样式。如图 5-13 所示。

图5-13　选择色阶样式

返回工作表后即可发现选中的单元格，已经按照选中的色阶样式对不同范围的数据呈现出不同的颜色。如图 5-14 所示。

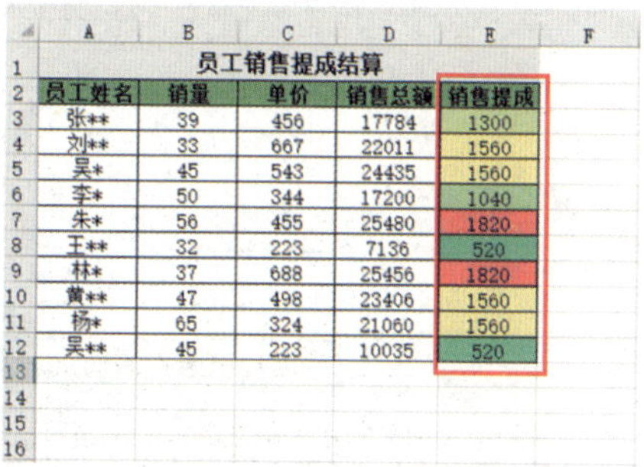

图5-14　用不同的颜色来表示不同范围的数据

## 5.1.6　复制条件格式产生的颜色

如果工作表设置了某些条件格式，比如突出显示排名靠前或者排名靠后、突出显示重复值的数据等，那么，符合这些条件格式后，工作表就会以指定的颜色显示单元格数据。如果希望删除已经设置好的条件格式，但又需要保留颜色，那么，可以通过复制功能来实现。具体操作如下：

选中要操作的目标单元格区域，连续按两次"Ctrl+C"快捷键进行复制，在"开始"选项卡下选择"剪贴板"分组的下拉按钮。如图 5-15 所示。

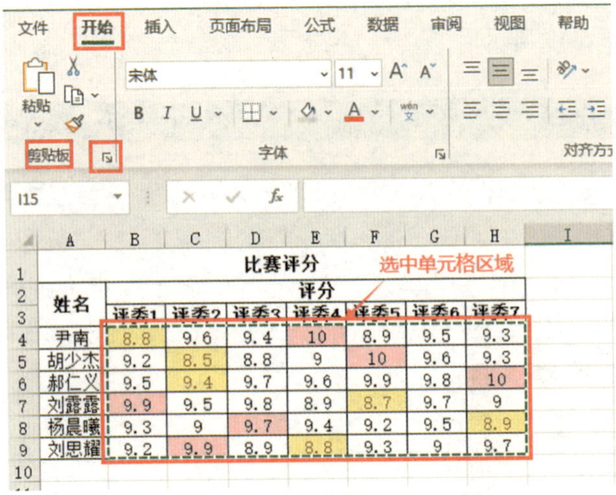

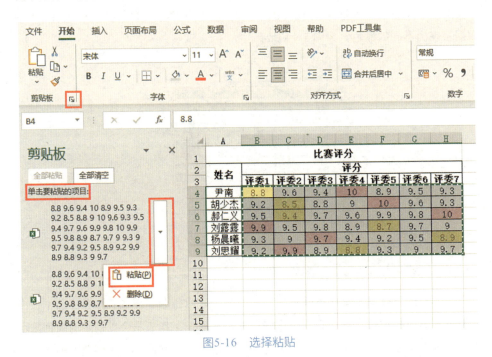

图5-15　选择剪贴板分组的下拉按钮

在"单击要粘贴的项目"列表框下单击项目右侧的下拉按钮，在弹出的下拉列表中选择"粘贴"选项。如图 5-16 所示。

图5-16　选择粘贴

经过上述设置后，表格虽然看起来并没有变化，但实际上条件格式已经被删除，又保留了条件格式产生的颜色。如图 5-17 所示。

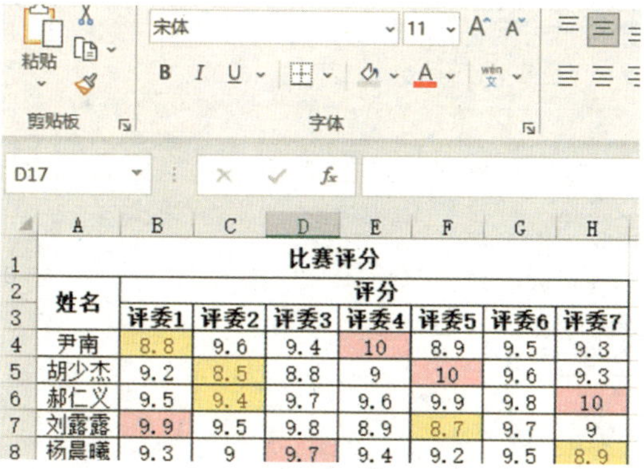

图5-17 复制条件格式产生的颜色

经过上述操作后，如果要确定是否删除了条件格式，使用清除规则进行验证即可实现，若执行清除操作后颜色还在，则证明了条件格式已经被删除。

### 5.1.7 使用数据条表示不同级别的工资

在编辑工作表时，如果想一目了然地查看数据的大小，可以通过数据条功能实现。具体操作如下：

在 C3 单元格输入公式"=B3"，之后利用填充功能向下快速复制公式。如图 5-18 所示。

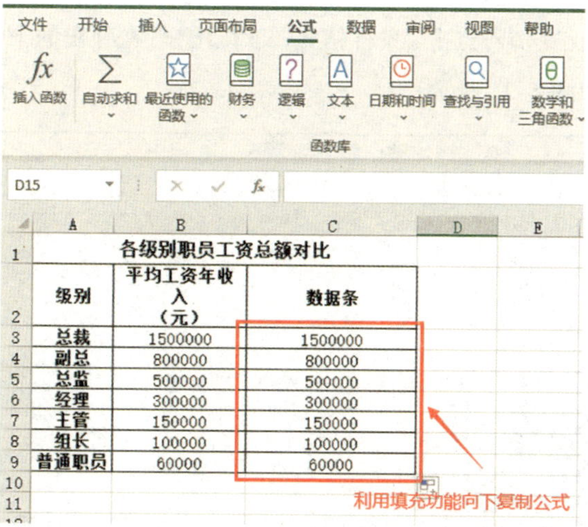

图5-18 利用填充功能向下复制公式

选择目标单元格范围，单击"开始"选项卡下"样式"分组中"条件格式"的下拉按钮，在弹出的下拉列表中选择"数据条"选项，在弹出的扩展列表中选择所需的数据栏样式。如图 5-19 所示。

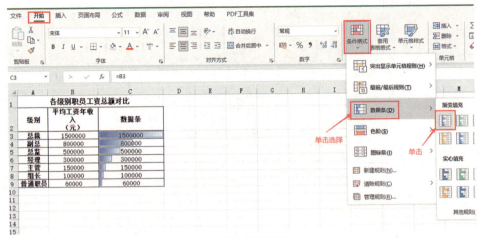

图5-19 选择数据栏样式

返回工作表后，可以看到所选区域添加了数据条效果。如图5-20所示。

## 5.1.8 数据条不显示单元格数值

使用数据条不仅可以一目了然地查看数据的大小，还可以根据需要，设置数据条不显示单元格数据值，具体操作如下：

图5-20 用数据条显示不同数据

选中目标单元格区域，点击"条件格式"下拉按钮，在弹出的下拉列表中选择"管理规则"选项。如图5-21所示。

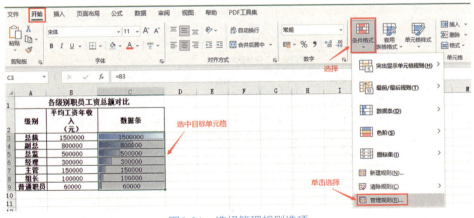

图5-21 选择管理规则选项

在弹出的"条件格式规则管理器"对话框中，选择"数据条"选项，单击"编辑规则"按钮。如图5-22所示。

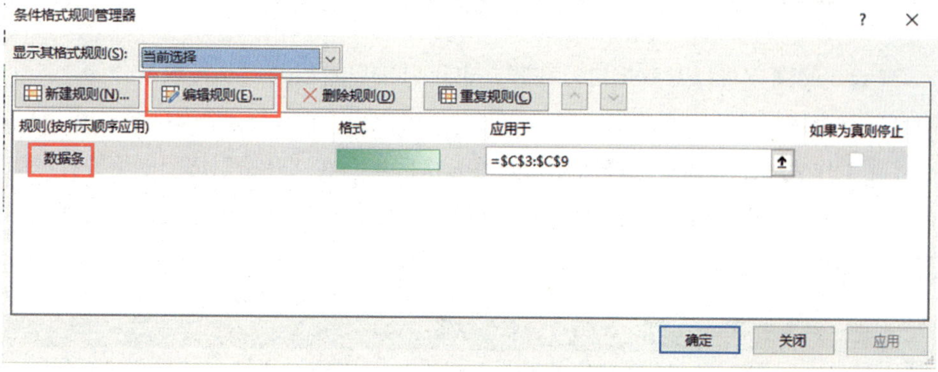

图5-22  单击编辑规则按钮

弹出"编辑格式规则"对话框后,在该对话框中选择"编辑规则说明"中的"仅显示数据条"复选框,单击"确定"按钮。如图 5-23 所示。

返回"条件格式规则管理器"对话框,单击"确定"按钮,在返回的工作表中即可查看效果。如图 5-24 所示。

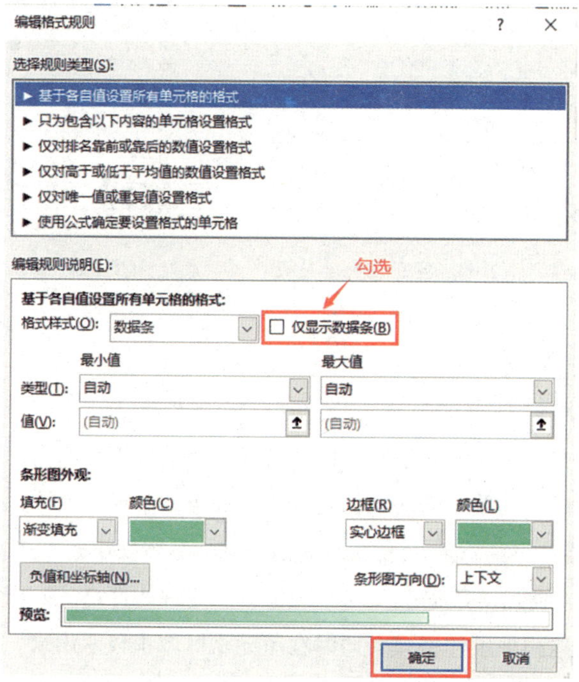

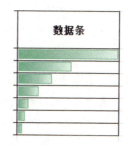

图5-23  选择仅显示数据条复选框

图5-24  数据条不显示数值

### 5.1.9　用图标把考试成绩等级形象地表示出来

Excel 的图标可以对数据进行注释，也可以按照数值的大小将数据分为 3~5 个类别。每个图标代表一个数据范围，从而方便用户查看，具体操作如下：

在工作表中选择需要注释图标集的单元格区域，在"开始"选项卡下选择"条件格式"，在"条件格式"下拉列表中选择"图标集"选项，在弹出的扩展列表中选择图标集样式。如图 5-25 所示。

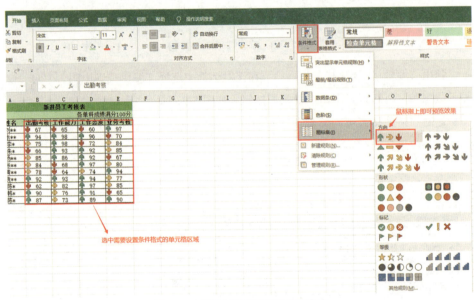

图5-25　使用图标将数据显示出来

### 5.1.10　调整条件格式的优先级

Excel 允许用户对工作表中的同一个单元格区域设置多个条件格式，当同一个单元格区域设置了多个条件格式规则时，在规则之间没有冲突的情况下，所有的规则都会生效，即这些规则同时显示在单元格区域的格式上；如果两个或者两个以上的单元格条件格式规则发生冲突，则系统执行优先级高的规则，具体操作如下：

选中 B4~B14 单元格区域，使用"数据条"和"图标集"两种条件格式。因为这两种条件指令不冲突，所以这两种条件格式会同时在单元格区域中显示出来。选中 C4~C14 单元格区域，设置"突出显示单元格规则"中大于 85 的数据值和"最前/最后规则"中突出显示前 3 个数据值，因为这两个条件格式规则冲突，因此只显示优先级较高的条件格式。如图 5-26 所示。

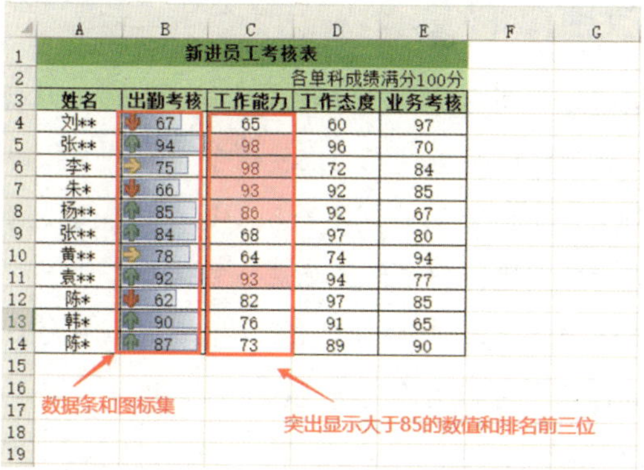

图5-26 两种条件格式同时显示和两种条件格式冲突的情况

加入多个条件格式后，打开"条件格式规则管理器"对话框，在对话框中调整这些条件格式的优先级，具体操作如下：

在 C4~C14 区域的单元格中任选一个，打开"条件规则管理器"对话框，在列表框中选择需要调整优先级的规则，单击"上移"或者"下移"按钮来调整它们的优先级，调整完成后单击"确定"按钮即可。如图 5-27 所示。

图5-27 调整条件格式的优先级

返回工作表后即可查看设置后的效果。如图 5-28 所示。

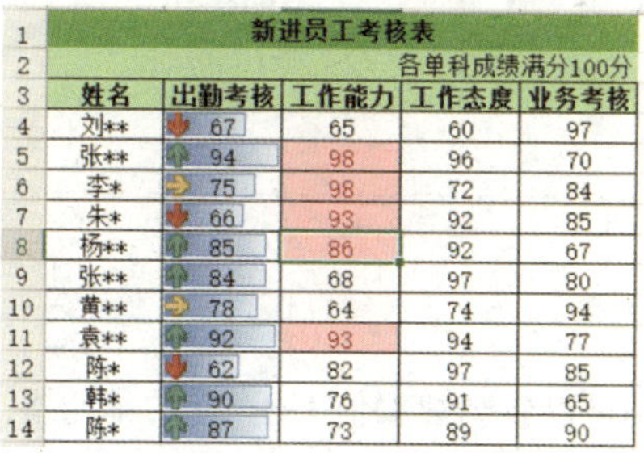

图5-28 调整条件格式的优先级

### 5.1.11　如果为真则停止

当同一个单元格区域同时存在多个条件格式规则时，应从优先级高的规则开始逐条执行，直到所有规则执行完毕。但如果使用了"如果为真则停止"规则，那么，当优先级较高的规则条件被满足后，就不再执行这个优先级之下的规则。利用这一功能，我们可以实现对数据进行有条件的筛选，具体操作如下：

选中目标单元格区域，设置"突出显示单元格规则"中大于 90 的数据值和"图标集"条件格式。设置完成后如图 5-29 所示。

| | A | B | C | D | E |
|---|---|---|---|---|---|
| 1 | | | 新进员工考核表 | | |
| 2 | | | 各单科成绩满分100分 | | |
| 3 | 姓名 | 出勤考核 | 工作能力 | 工作态度 | 业务考核 |
| 4 | 刘** | 67 | 65 | 60 | 97 |
| 5 | 张** | 94 | 98 | 96 | 70 |
| 6 | 李* | 75 | 98 | 72 | 84 |
| 7 | 朱* | 66 | 93 | 92 | 85 |
| 8 | 杨** | 85 | 86 | 92 | 67 |
| 9 | 张** | 84 | 68 | 97 | 80 |
| 10 | 黄** | 78 | 64 | 74 | 94 |
| 11 | 袁** | 92 | 93 | 94 | 77 |
| 12 | 陈* | 62 | 82 | 97 | 85 |
| 13 | 韩* | 90 | 76 | 91 | 65 |
| 14 | 陈* | 87 | 73 | 89 | 90 |
| 15 | | | | | |
| 16 | | 添加突出显示大于90的数据和图标 | | | |
| 17 | | | | | |

图5-29　设置突出显示单元格规则

在单元格区域选中任意单元格，打开"条件格式规则管理器"对话框，在列表中选择"单元格值 >90"的选项，保证这个条件格式的优先级最高，勾选右侧的"如果为真则停止"复选框，单击"确定"按钮。如图 5-30 所示。

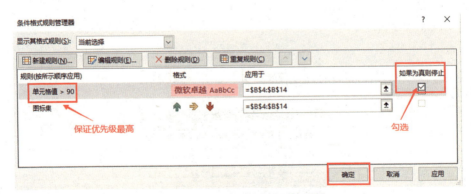

图5-30　设置条件格式规则管理器

返回工作表后，我们可以看到数据值大于 90 的单元格，只应用了"突出显示单元格规则"条件格式。如图 5-31 所示。

| 姓名 | 出勤考核 | 工作能力 | 工作态度 | 业务考核 |
|---|---|---|---|---|
| 新进员工考核表 | | | | |
| 各单科成绩满分100分 | | | | |
| 刘** | 67 | 65 | 60 | 97 |
| 张** | 94 | 98 | 96 | 70 |
| 李* | 75 | 98 | 72 | 84 |
| 朱* | 66 | 93 | 92 | 85 |
| 杨** | 85 | 86 | 92 | 67 |
| 张** | 84 | 68 | 97 | 80 |
| 黄** | 78 | 64 | 74 | 94 |
| 袁** | 92 | 93 | 94 | 77 |
| 陈* | 62 | 82 | 97 | 85 |
| 韩* | 90 | 76 | 91 | 65 |
| 陈* | 87 | 73 | 89 | 90 |

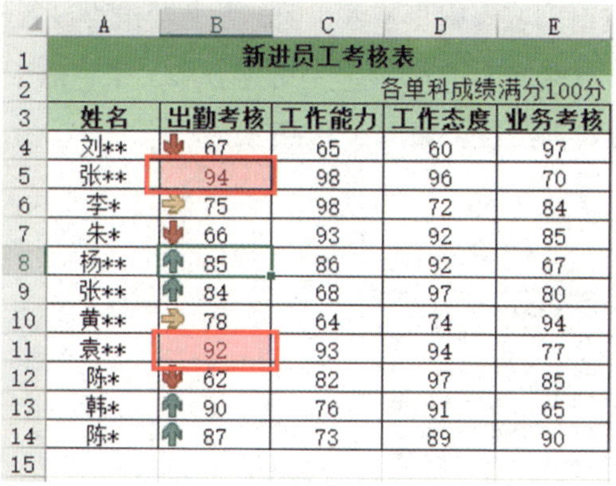

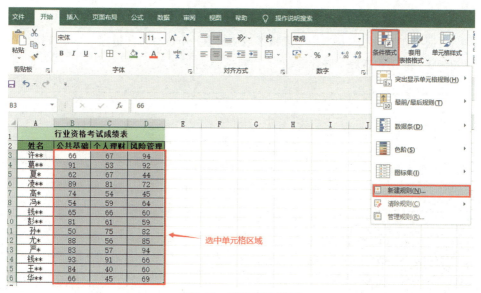

图5-31　如果为真则停止

## 5.1.12　只在满足条件的单元格上显示图标集

在使用图标集时，系统默认给选择的单元格区域添加图标，但有时我们只想给某些满足条件的单元格添加图标集，此时我们可以通过公式来实现，具体操作如下：

选中目标单元格，单击“条件格式”下拉按钮，在弹出的下拉列表中选择“新建规则”。如图 5-32 所示。

| 姓名 | 公共基础 | 个人理财 | 风险管理 |
|---|---|---|---|
| 行业资格考试成绩表 | | | |
| 许** | 66 | 67 | 94 |
| 葛** | 91 | 53 | 92 |
| 夏* | 62 | 67 | 44 |
| 凌** | 89 | 81 | 72 |
| 高* | 74 | 54 | 45 |
| 冯* | 54 | 59 | 64 |
| 钱** | 65 | 66 | 60 |
| 彭** | 81 | 61 | 59 |
| 孙* | 50 | 75 | 82 |
| 尤* | 88 | 56 | 85 |
| 严* | 83 | 57 | 94 |
| 钱** | 93 | 91 | 66 |
| 王** | 84 | 40 | 60 |
| 华** | 66 | 45 | 69 |

图5-32　选择新建规则

弹出“新建格式规则”对话框后，在该对话框下的“选择规则类型”列表框中选择“基于各自值设置所有单元格的格式”，在“编辑规则说明”选项组下选择“格式样式”，在“格式样式”下拉列表中选择“图标集”，在“图标样式”下选择带“打叉"的样式,在"根据以下规则显示各个图标"选项组中设置等级参数,其中,第一个"值"参数框可以输入大于 60 的任意数字,第二个"值"参数框必须输入 60,设置完成后单击"确定"按钮。如图 5-33 所示。

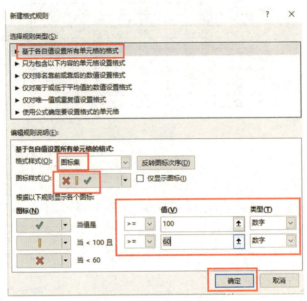

图5-33　设置新建格式规则

返回工作表后,保持选中单元格区域的状态,单击"条件格式"下拉按钮,在弹出的下拉列表中选择"新建规则"。如图 5-34 所示。

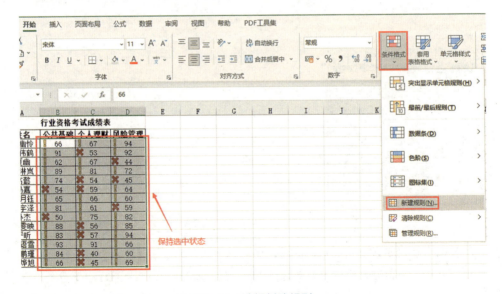

图5-34　选择新建规则

弹出"新建格式规则"对话框后，在该对话框下的"选择规则类型"列表框中
选择"使用公式确定要设置格式的单元格"选项，在"编辑规则说明"选项组下选
择"为符合此公式的值设置格式"，在"为符合此公式的值设置格式"文本框中输
入公式"=B3>=60"，不设置任何格式，将上述操作完成后单击"确定"按钮。如图5-35
所示。

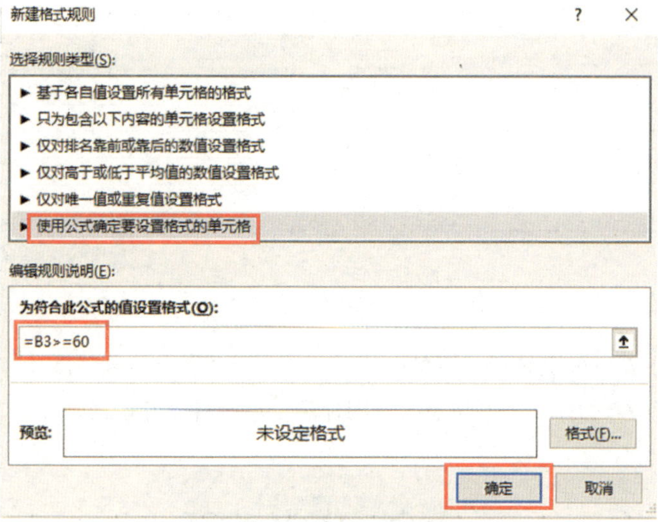

图5-35　设置新建格式规则

返回工作表后，保持单元格区域的选中状态，单击"条件格式"下拉按钮，在
弹出的下拉列表中选择"管理规则"选项。如图5-36所示。

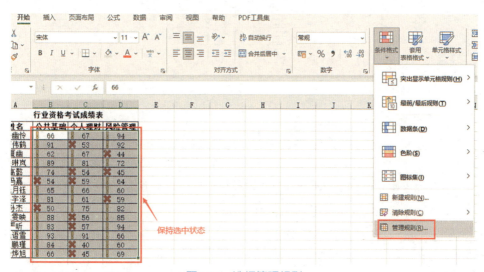

图5-36　选择管理规则

弹出“条件格式规则管理器”对话框后，在列表框中选择“公式：=B3>=60”选项，保证其优先级最高，勾选右侧的“如果为真则停止”复选框，单击“确定”按钮。如图 5-37 所示。

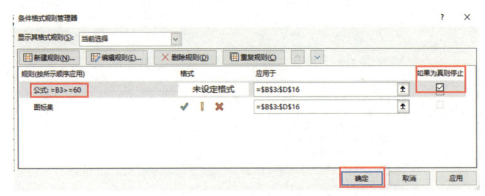

图5-37 设置条件格式规则管理器

返回工作表后可以看到，只有单元格数据值在 60 以下的有“打叉”的图标标记，而数据值超过 60 的单元格并没有显示图标集，也没有改变格式。如图 5-38 所示。

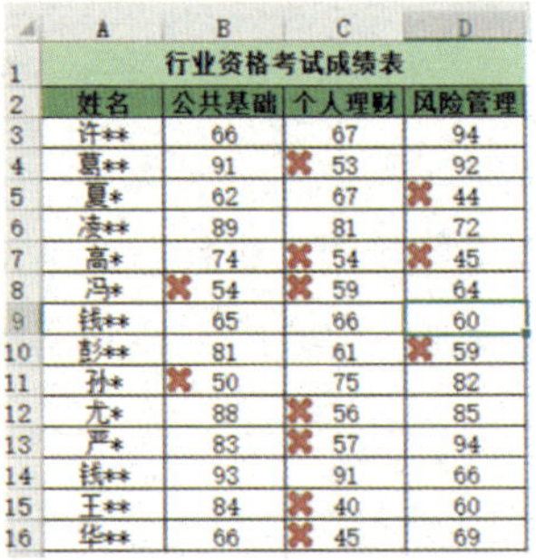

| 行业资格考试成绩表 | | | |
|---|---|---|---|
| 姓名 | 公共基础 | 个人理财 | 风险管理 |
| 许** | 66 | 67 | 94 |
| 葛** | 91 | 53 | 92 |
| 夏* | 62 | 67 | 44 |
| 凌** | 89 | 81 | 72 |
| 高* | 74 | 54 | 45 |
| 冯* | 54 | 59 | 64 |
| 钱** | 65 | 66 | 60 |
| 彭** | 81 | 61 | 59 |
| 孙* | 50 | 75 | 82 |
| 尤* | 88 | 56 | 85 |
| 严* | 83 | 57 | 94 |
| 钱** | 93 | 91 | 66 |
| 王** | 84 | 40 | 60 |
| 华** | 66 | 45 | 69 |

图5-38 最终效果

# 5.2 数据合并计算与预测分析

在工作表中，可以使用合并计算、模拟分析等功能对表格中的数据进行处理与分析。接下来为大家介绍这两种功能的使用技巧。

## 5.2.1 对单张工作表的数据进行合并计算

合并计算是指将多个格式相似的工作表或者数据区域，按照指定的方式自动进

行匹配计算，这样可以大大提高工作效率，节省很多人力、财力。当所有的数据都在同一张表格中时，就可以在这个工作表内进行合并计算，具体操作如下：

选中存放汇总数据的起始单元格，在"数据"选项卡下的"数据工具"分组中选中"合并计算"按钮。如图 5-39 所示。

图5-39 合并计算

弹出"合并计算"对话框后，在对话框中的"函数"下拉列表中可以选择汇总方式，包括求和，平均值等。本例选择的是"求和"，将插入点定位到"引用位置"参数框，在工作表中拖动鼠标选择参与计算的数据区域，单击"添加"按钮，将选择的数据区域添加到"所有引用位置"的列表框中。在"标签位置"选项组中勾选"首行"和"最左列"复选框，选择完成后，单击"确定"按钮。如图 5-40、图 5-41所示。

图5-40 合并计算范围

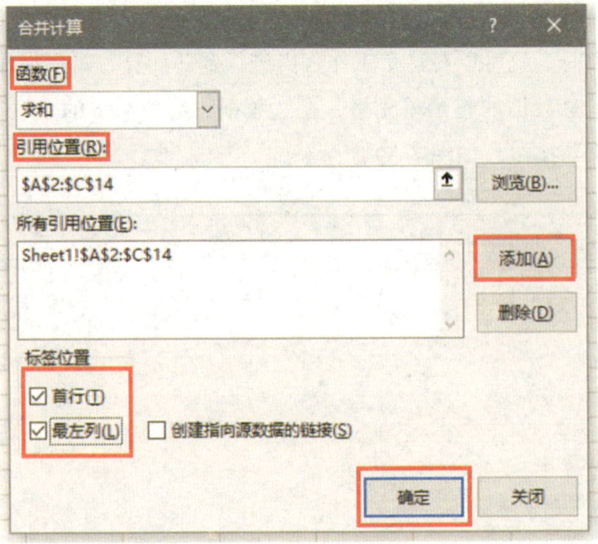


图5-41 合并计算

返回工作表即可完成合并计算。如图 5-42 所示。

家电销售汇总

| 商品类别 | 销售数量 | 销售额 |
|---|---|---|
| 电视 | 20 | 90000 |
| 空调 | 32 | 137600 |
| 洗衣机 | 19 | 71250 |
| 冰箱 | 29 | 98600 |
| 电视 | 34 | 122400 |
| 空调 | 18 | 57600 |
| 洗衣机 | 16 | 49920 |
| 空调 | 27 | 116100 |
| 电视 | 20 | 59200 |
| 冰箱 | 19 | 71820 |
| 洗衣机 | 27 | 101250 |
| 空调 | 14 | 44800 |

| | 销售数量 | 销售额 |
|---|---|---|
| 电视 | 74 | 271600 |
| 空调 | 91 | 356100 |
| 洗衣机 | 62 | 222420 |
| 冰箱 | 48 | 170420 |

图5-42 合并计算和汇总数据

## 5.2.2 对多个工作表的数据进行合并计算

当需要对多个表格的数据进行汇总时，可以使用多个工作表的合并计算功能，以便更高效地查看数据。如果要对多个工作表进行合并计算，具体操作如下：

选择要存储汇总结果的工作表的起始单元格，单击“数据工具”分组下的“合并计算”。如图 5-43 所示。

图5-43 合并计算

弹出"合并计算"对话框后,在"函数"选项下选择汇总方式。本例我们选择"求和",将光标放在"引用位置"参数框,单击右边对应的向上箭头。如图 5-44 所示。

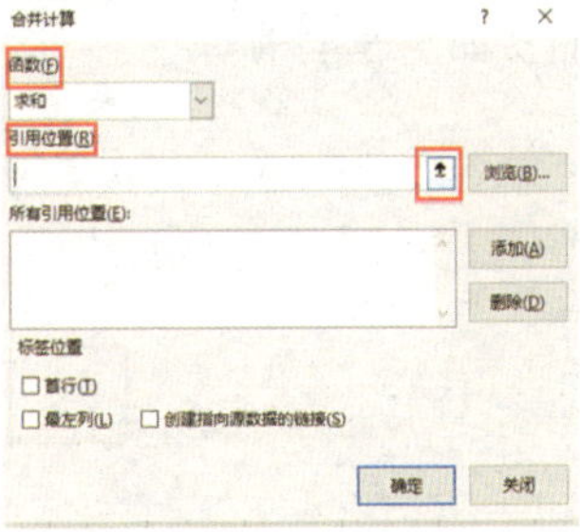

图5-44 合并计算

弹出"合并计算 - 引用位置"对话框后,用鼠标拖动选择需要汇总的数据区域。如图 5-45 所示。

图5-45 选择需要汇总的数据区域

完成选择后,单击"添加"按钮,将选择的数据区域添加到"所有引用位置"列表框中。如图 5-46 所示。

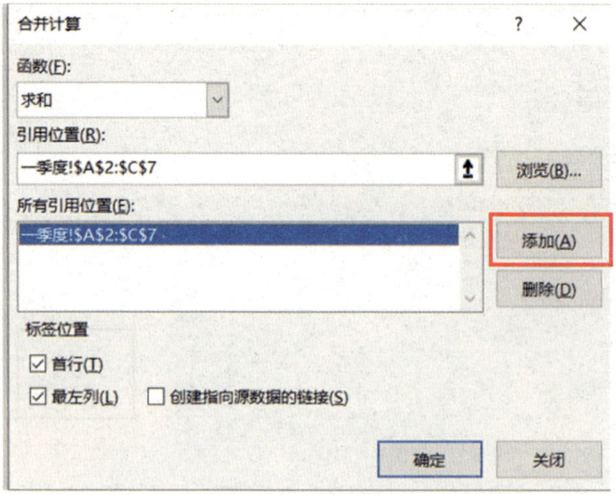

图5-46　把数据区域添加到所有引用位置

　　按照这种方法,添加其他所有需要参与计算的数据区域,勾选"首行"和"最左列"的复选框，单击"确定"按钮。如图 5-47 所示。

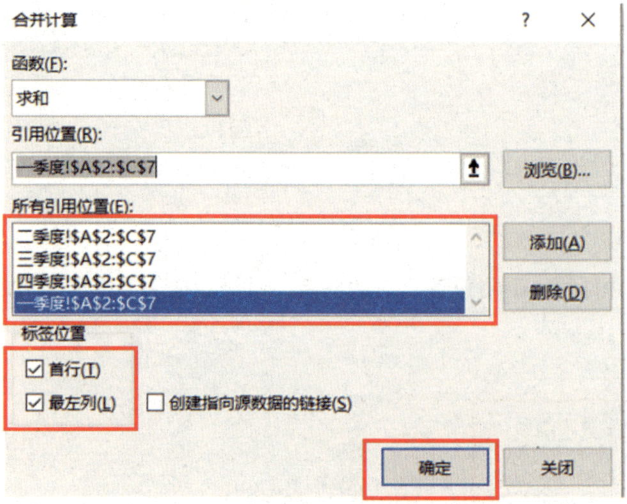

图5-47　添加其他参与计算的数据区域

　　返回工作表即可完成对多个工作表的合并计算。如图 5-48 所示。

| 家电年度汇总 | | |
| --- | --- | --- |
| | 销售数量 | 销售额 |
| 电视 | 5094 | 17829000 |
| 冰箱 | 6546 | 26851692 |
| 空调 | 7331 | 22740762 |
| 洗衣机 | 6336 | 15878016 |
| 热水器 | 6295 | 16706930 |

图5-48　合并计算结果

# 5.3 数据汇总与分析

对表格数据进行分析处理的过程中，利用 Excel 提供的分类汇总功能，可以将表格中的数据进行分类，将性质相同的数据汇总到一起，使其结构更加清晰。接下来介绍数据汇总与分析的有关技巧。

## 5.3.1 创建分类汇总

分类汇总是指根据指定条件对数据进行分类并计算分类数据的汇总值。在进行分类汇总前，需要对分类汇总字段的关键字进行排序，从而避免无法达到预期的汇总效果，具体操作如下：

打开工作表，选择目标单元格区域。本例在“商品类别”中选择单元格，在“数据”选项卡下找到“排序和筛选”分组中的“升序”按钮，单击并进行排序。如图 5-49 所示。

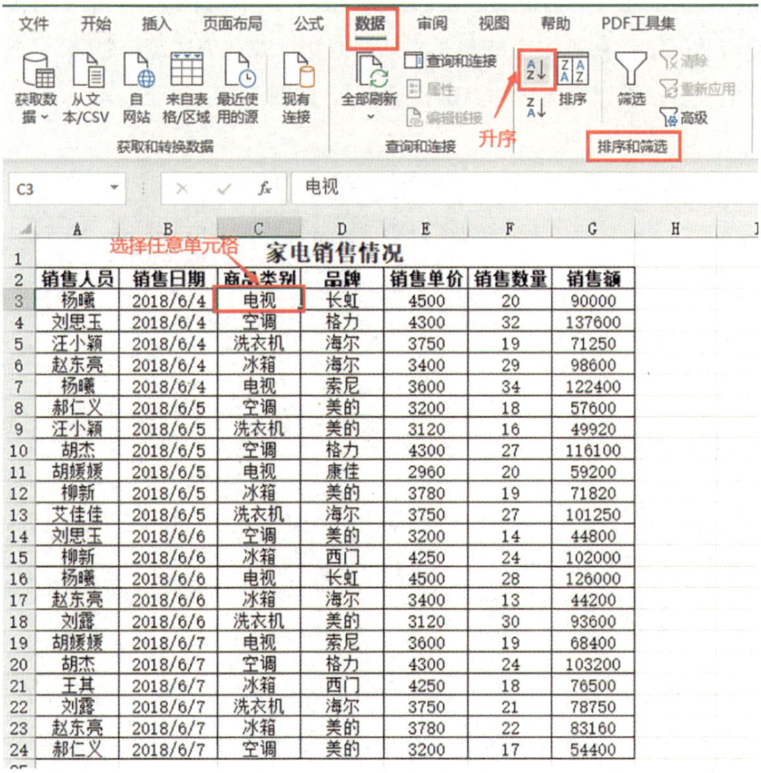


| | A | B | C | D | E | F | G |
|---|---|---|---|---|---|---|---|
| 1 | 家电销售情况 | | | | | | |
| 2 | 销售人员 | 销售日期 | 商品类别 | 品牌 | 销售单价 | 销售数量 | 销售额 |
| 3 | 杨曦 | 2018/6/4 | 电视 | 长虹 | 4500 | 20 | 90000 |
| 4 | 刘思玉 | 2018/6/4 | 空调 | 格力 | 4300 | 32 | 137600 |
| 5 | 汪小颖 | 2018/6/4 | 洗衣机 | 海尔 | 3750 | 19 | 71250 |
| 6 | 赵东亮 | 2018/6/4 | 冰箱 | 海尔 | 3400 | 29 | 98600 |
| 7 | 杨曦 | 2018/6/4 | 电视 | 索尼 | 3600 | 34 | 122400 |
| 8 | 郝仁义 | 2018/6/5 | 空调 | 美的 | 3200 | 18 | 57600 |
| 9 | 汪小颖 | 2018/6/5 | 洗衣机 | 美的 | 3120 | 16 | 49920 |
| 10 | 胡杰 | 2018/6/5 | 空调 | 格力 | 4300 | 27 | 116100 |
| 11 | 胡媛媛 | 2018/6/5 | 电视 | 康佳 | 2960 | 20 | 59200 |
| 12 | 柳新 | 2018/6/5 | 冰箱 | 美的 | 3780 | 19 | 71820 |
| 13 | 艾佳佳 | 2018/6/5 | 洗衣机 | 海尔 | 3750 | 27 | 101250 |
| 14 | 刘思玉 | 2018/6/6 | 空调 | 美的 | 3200 | 14 | 44800 |
| 15 | 柳新 | 2018/6/6 | 冰箱 | 西门 | 4250 | 24 | 102000 |
| 16 | 杨曦 | 2018/6/6 | 电视 | 长虹 | 4500 | 28 | 126000 |
| 17 | 赵东亮 | 2018/6/6 | 冰箱 | 海尔 | 3400 | 13 | 44200 |
| 18 | 刘露 | 2018/6/6 | 洗衣机 | 美的 | 3120 | 30 | 93600 |
| 19 | 胡媛媛 | 2018/6/7 | 电视 | 索尼 | 3600 | 19 | 68400 |
| 20 | 胡杰 | 2018/6/7 | 空调 | 格力 | 4300 | 24 | 103200 |
| 21 | 王其 | 2018/6/7 | 冰箱 | 西门 | 4250 | 18 | 76500 |
| 22 | 刘露 | 2018/6/7 | 洗衣机 | 海尔 | 3750 | 21 | 78750 |
| 23 | 赵东亮 | 2018/6/7 | 冰箱 | 美的 | 3780 | 22 | 83160 |
| 24 | 郝仁义 | 2018/6/7 | 空调 | 美的 | 3200 | 17 | 54400 |

图5-49 进行排序

选择单元格数据区域中的任意区域，在“数据”选项卡下的“分级显示”分组中找到"分类汇总"按钮。如图 5-50 所示。

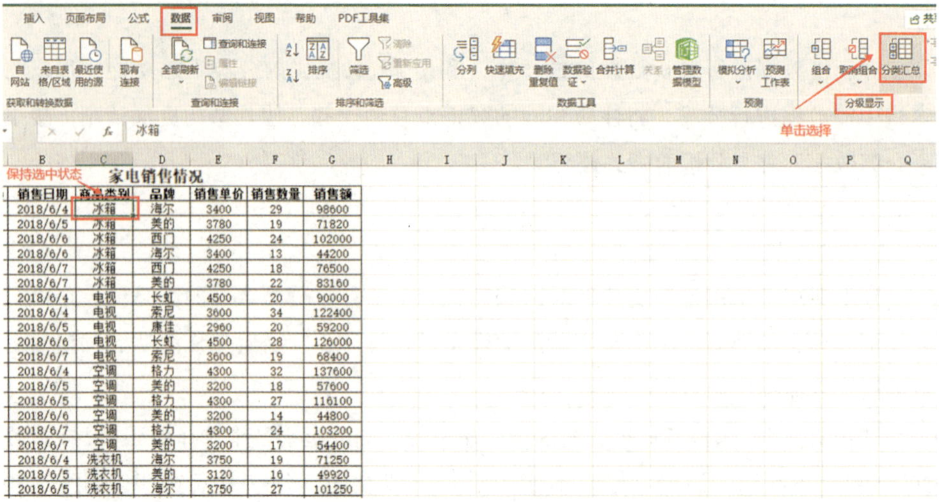

图5-50　选择分类汇总

弹出"分类汇总"对话框后，在"分类字段"下拉列表中找到需要分类的字段，在"汇总方式"下拉列表中选择需要汇总的方法，并在"选定汇总项"列表框中选择要汇总的项目。设置完成后，点击"确定"。如图 5-51 所示。

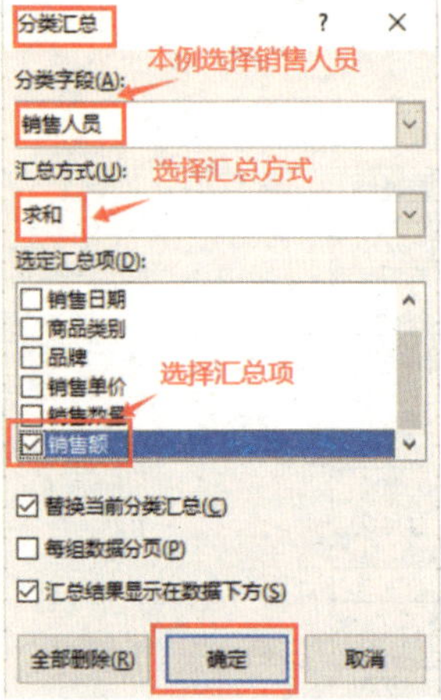

图5-51　分类汇总设置

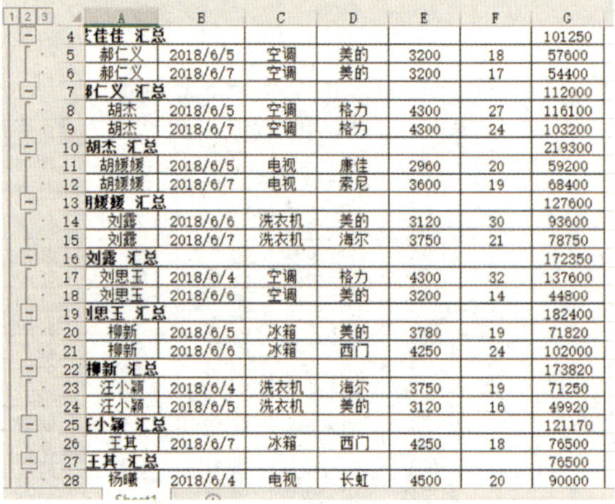

图5-52　分级显示栏

返回工作表即可看到工作表的数据已经完成分类汇总。之后工作表的左侧会出现一个分级显示栏，用这个分级显示栏中的分级符号可分级查看相应的表格数据。如图 5-52 所示。

### 5.3.2 更改分类汇总

创建分类汇总后，如果需要更改汇总方式，可以参考如下操作：

在已经创建了分类汇总的工作表中选中任意单元格，在"数据"选项卡下单击"分类汇总"按钮，打开"分类汇总"对话框，根据目标汇总方式选择分类字段、汇总方式等参数，在设置完成后，单击"确定"按钮即可。如图 5-53 所示。

### 5.3.3 将汇总项显示在数据上方

在默认的情况下，对表格数据进行分类汇总后，会将汇总项显示在数据的下方，如果需要将汇总项显示在数据的上方，可以参考如下操作：

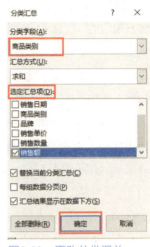

图5-53 更改分类汇总

选择关键字段，对表格进行升序排列。如图 5-54 所示。

| | | | | 家电销售情况 | | | |
|---|---|---|---|---|---|---|---|
| | A | B | C | D | E | F | G | H |
| 1 | | | | 家电销售情况 | | | | |
| 2 | 销售人员 | 销售日期 | 商品类别 | 品牌 | 销售单价 | 销售数量 | 销售额 | |
| 3 | 刘思玉 | 2018/6/4 | 空调 | 格力 | 4300 | 32 | 137600 | |
| 4 | 汪小颖 | 2018/6/4 | 洗衣机 | 海尔 | 3750 | 19 | 71250 | |
| 5 | 杨曦 | 2018/6/4 | 电视 | 长虹 | 4500 | 20 | 90000 | |
| 6 | 杨曦 | 2018/6/4 | 电视 | 索尼 | 3600 | 34 | 122400 | |
| 7 | 赵东亮 | 2018/6/4 | 冰箱 | 海尔 | 3400 | 29 | 98600 | |
| 8 | 艾佳佳 | 2018/6/5 | 洗衣机 | 海尔 | 3750 | 27 | 101250 | |
| 9 | 郝仁义 | 2018/6/5 | 空调 | 美的 | 3200 | 18 | 57600 | |
| 10 | 胡杰 | 2018/6/5 | 空调 | 格力 | 4300 | 27 | 116100 | |
| 11 | 胡媛媛 | 2018/6/5 | 电视 | 康佳 | 2960 | 20 | 59200 | |
| 12 | 柳新 | 2018/6/5 | 冰箱 | 美的 | 3780 | 19 | 71820 | |
| 13 | 汪小颖 | 2018/6/5 | 洗衣机 | 美的 | 3120 | 16 | 49920 | |
| 14 | 刘露 | 2018/6/5 | 洗衣机 | 美的 | 3120 | 30 | 93600 | |
| 15 | 刘思玉 | 2018/6/6 | 空调 | 美的 | 3200 | 14 | 44800 | |
| 16 | 柳新 | 2018/6/6 | 冰箱 | 西门 | 4250 | 24 | 102000 | |
| 17 | 杨曦 | 2018/6/6 | 电视 | 长虹 | 4500 | 28 | 126000 | |
| 18 | 赵东亮 | 2018/6/6 | 冰箱 | 海尔 | 3400 | 13 | 44200 | |
| 19 | 郝仁义 | 2018/6/7 | 空调 | 美的 | 3200 | 17 | 54400 | |
| 20 | 胡杰 | 2018/6/7 | 空调 | 格力 | 4300 | 24 | 103200 | |
| 21 | 胡媛媛 | 2018/6/7 | 电视 | 索尼 | 3600 | 19 | 68400 | |
| 22 | 刘露 | 2018/6/7 | 洗衣机 | 海尔 | 3750 | 21 | 78750 | |
| 23 | 王其 | 2018/6/7 | 冰箱 | 西门 | 4250 | 18 | 76500 | |
| 24 | 赵东亮 | 2018/6/7 | 冰箱 | 美的 | 3780 | 22 | 83160 | |

图5-54 进行升序排列

选择工作表数据区域的任意单元格，打开"分类汇总"对话框，在"分类字段"下拉列表中选择"销售日期"，在"汇总方式"选项下选择"求和"，在"选定汇总项"中勾选"销售额"复选框，取消勾选"汇总结果显示在数据下方"，设置完成后，单击"确定"按钮。如图 5-55 所示。

返回工作表即可看到表格以"销售日期"为分类字段，对销售额进行了求和汇总，并把汇总结果显示在了数据上方。如图 5-56 所示。

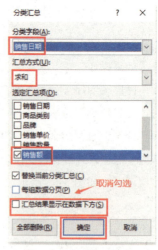

图5-55 分类汇总

家电销售情况

| | 销售人员 | 销售日期 | 商品类别 | 品牌 | 销售单价 | 销售数量 | 销售额 |
|---|---|---|---|---|---|---|---|
| 3 | | 总计 | | | | | 1850750 |
| 4 | | 2018/6/4 汇总 | | | | | 519850 |
| 5 | 刘思玉 | 2018/6/4 | 空调 | 格力 | 4300 | 32 | 137600 |
| 6 | 汪小颖 | 2018/6/4 | 洗衣机 | 海尔 | 3750 | 19 | 71250 |
| 7 | 杨曦 | 2018/6/4 | 电视 | 长虹 | 4500 | 20 | 90000 |
| 8 | 杨曦 | 2018/6/4 | 电视 | 索尼 | 3600 | 34 | 122400 |
| 9 | 赵东亮 | 2018/6/4 | 冰箱 | 海尔 | 3400 | 29 | 98600 |
| 10 | | 2018/6/5 汇总 | | | | | 455890 |
| 11 | 艾佳佳 | 2018/6/5 | 洗衣机 | 海尔 | 3750 | 27 | 101250 |
| 12 | 郝仁义 | 2018/6/5 | 空调 | 美的 | 3200 | 18 | 57600 |
| 13 | 胡杰 | 2018/6/5 | 空调 | 格力 | 4300 | 27 | 116100 |
| 14 | 胡媛媛 | 2018/6/5 | 电视 | 康佳 | 2960 | 20 | 59200 |
| 15 | 柳新 | 2018/6/5 | 冰箱 | 美的 | 3780 | 19 | 71820 |
| 16 | 汪小颖 | 2018/6/5 | 洗衣机 | 美的 | 3120 | 16 | 49920 |
| 17 | | 2018/6/6 汇总 | | | | | 410600 |
| 18 | 刘露 | 2018/6/6 | 洗衣机 | 美的 | 3120 | 30 | 93600 |
| 19 | 刘思玉 | 2018/6/6 | 空调 | 美的 | 3200 | 14 | 44800 |
| 20 | 柳新 | 2018/6/6 | 冰箱 | 西门 | 4250 | 24 | 102000 |
| 21 | 杨曦 | 2018/6/6 | 电视 | 长虹 | 4500 | 28 | 126000 |
| 22 | 赵东亮 | 2018/6/6 | 冰箱 | 海尔 | 3400 | 13 | 44200 |
| 23 | | 2018/6/7 汇总 | | | | | 464410 |
| 24 | 郝仁义 | 2018/6/7 | 空调 | 美的 | 3200 | 17 | 54400 |
| 25 | 胡杰 | 2018/6/7 | 空调 | 格力 | 4300 | 24 | 103200 |

图5-56 汇总数据显示在上方

### 5.3.4 对表格数据进行多字段分类汇总

一般情况下，我们可以通过单个字段对数据进行分类汇总，如果需要按多个字段对数据进行分类汇总，只需按分类顺序多次进行分类汇总操作即可。具体操作如下：

选中数据区域的任意单元格，打开"排序"对话框，设置排序条件，单击"确定"

按钮。如图 5-57 所示。

图5-57 排序

返回工作表即可查看排序后的效果。如图 5-58 所示。

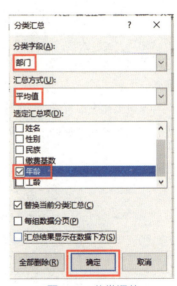

**员工信息表**

| 部门 | 姓名 | 性别 | 民族 | 缴费基数 | 年龄 | 工龄 |
|------|------|------|------|---------|------|------|
| 财务部 | 周宇鹤 | 男 | 汉 | 3200 | 33 | 3 |
| 财务部 | 葛香薇 | 女 | 汉 | 3500 | 26 | 2 |
| 财务部 | 葛岚月 | 女 | 汉 | 2300 | 25 | 1 |
| 财务部 | 葛雅彤 | 女 | 汉 | 3200 | 28 | 3 |
| 财务部 | 卫洁雅 | 女 | 汉 | 3000 | 31 | 5 |
| 销售部 | 周睿轩 | 男 | 汉 | 3000 | 35 | 4 |
| 销售部 | 王宇睿 | 男 | 汉 | 3000 | 32 | 5 |
| 销售部 | 周磊 | 男 | 汉 | 2800 | 34 | 4 |
| 销售部 | 田薇 | 女 | 汉 | 2800 | 29 | 3 |
| 研发部 | 王琪弘 | 男 | 汉 | 3200 | 27 | 2 |
| 研发部 | 葛柏绍 | 男 | 汉 | 3500 | 26 | 2 |
| 研发部 | 卫杰靖 | 男 | 汉 | 2800 | 28 | 4 |
| 研发部 | 周旭 | 男 | 汉 | 2800 | 29 | 2 |
| 研发部 | 田峻泽 | 男 | 汉 | 3500 | 27 | 2 |
| 研发部 | 葛语慕 | 女 | 汉 | 2300 | 24 | 1 |
| 研发部 | 卫君 | 女 | 汉 | 3500 | 30 | 6 |

图5-58 排序后的效果图                图5-59 分类汇总

选择数据区域中的任意一个单元格，打开"分类汇总"对话框，在"分类字段"的下拉列表中选择"部门"选项，在"汇总方式"中选中"平均值"，在"选定汇总项"列表框中勾选"年龄"复选框，设置完成后，单击"确定"按钮。如图 5-59 所示。

返回工作表后可以看到，工作表以"部门"为分类字段，对"年龄"进行平均值汇总后的结果。如图 5-60 所示。

| 1 2 3 | | A | B | C | D | E | F | G |
|---|---|---|---|---|---|---|---|---|
| | 1 | | | 员工信息表 | | | | |
| | 2 | 部门 | 姓名 | 性别 | 民族 | 缴费基数 | 年龄 | 工龄 |
| | 3 | 总计 平均值 | | | | | 29 | |
| | 4 | 务部 平均值 | | | | | 28.6 | |
| | 5 | 财务部 | 周宇鹤 | 男 | 汉 | 3200 | 33 | 3 |
| | 6 | 财务部 | 葛香薇 | 女 | 汉 | 3500 | 26 | 2 |
| | 7 | 财务部 | 葛岚月 | 女 | 汉 | 2300 | 25 | 1 |
| | 8 | 财务部 | 葛雅彤 | 女 | 汉 | 3200 | 28 | 3 |
| | 9 | 财务部 | 卫洁雅 | 女 | 汉 | 3000 | 31 | 5 |
| | 10 | 售部 平均值 | | | | | 32.5 | |
| | 11 | 销售部 | 周睿轩 | 男 | 汉 | 3000 | 35 | 4 |
| | 12 | 销售部 | 王宇睿 | 男 | 汉 | 3000 | 32 | 5 |
| | 13 | 销售部 | 周磊 | 男 | 汉 | 2800 | 34 | 4 |
| | 14 | 销售部 | 田薇 | 女 | 汉 | 2800 | 29 | 3 |
| | 15 | 发部 平均值 | | | | | 27.2857 | |
| | 16 | 研发部 | 王琪弘 | 男 | 汉 | 3200 | 27 | 2 |
| | 17 | 研发部 | 葛柏绍 | 男 | 汉 | 3500 | 26 | 2 |
| | 18 | 研发部 | 卫杰靖 | 男 | 汉 | 2800 | 28 | 4 |
| | 19 | 研发部 | 周旭 | 男 | 汉 | 2800 | 29 | 2 |
| | 20 | 研发部 | 田岭泽 | 男 | 汉 | 3500 | 27 | 2 |
| | 21 | 研发部 | 葛语萁 | 女 | 汉 | 2300 | 24 | 1 |
| | 22 | 研发部 | 卫君 | 女 | 汉 | 3500 | 30 | 2 |

图5-60 平均值汇总

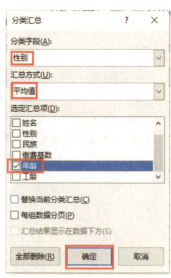

图5-61 分类汇总

选择数据区域的任意单元格，打开"分类汇总"对话框，在"分类字段"下选择"性别"，在"汇总方式"下选择"平均值"，在"选定汇总项"列表框下勾选"年龄"，取消勾选"替换当前分类汇总"复选框。设置完后，单击"确定"按钮。如图 5-61 所示。

返回工作表即可看到，工作表已经按照"部门""性别"为分类字段，对"年龄"进行了分类汇总。如图 5-62 所示。

| 1 2 3 4 | | A | B | C | D | E | F | G |
|---|---|---|---|---|---|---|---|---|
| | 1 | | | 员工信息表 | | | | |
| | 2 | 部门 | 姓名 | 性别 | 民族 | 缴费基数 | 年龄 | 工龄 |
| | 3 | 总计 平均值 | | | | | 29 | |
| | 4 | 务部 平均值 | | | | | 28.6 | |
| | 5 | | | 男 平均值 | | | 33 | |
| | 6 | 财务部 | 周宇鹤 | 男 | 汉 | 3200 | 33 | 3 |
| | 7 | | | 女 平均值 | | | 27.5 | |
| | 8 | 财务部 | 葛香薇 | 女 | 汉 | 3500 | 26 | 2 |
| | 9 | 财务部 | 葛岚月 | 女 | 汉 | 2300 | 25 | 1 |
| | 10 | 财务部 | 葛雅彤 | 女 | 汉 | 3200 | 28 | 3 |
| | 11 | 财务部 | 卫洁雅 | 女 | 汉 | 3000 | 31 | 5 |
| | 12 | 售部 平均值 | | | | | 32.5 | |
| | 13 | | | 男 平均值 | | | 33.6667 | |
| | 14 | 销售部 | 周睿轩 | 男 | 汉 | 3000 | 35 | 4 |
| | 15 | 销售部 | 王宇睿 | 男 | 汉 | 3000 | 32 | 5 |
| | 16 | 销售部 | 周磊 | 男 | 汉 | 2800 | 34 | 4 |
| | 17 | | | 女 平均值 | | | 29 | |
| | 18 | 销售部 | 田薇 | 女 | 汉 | 2800 | 29 | 3 |
| | 19 | 发部 平均值 | | | | | 27.2857 | |
| | 20 | | | 男 平均值 | | | 27.4 | |
| | 21 | 研发部 | 王琪弘 | 男 | 汉 | 3200 | 27 | 2 |
| | 22 | 研发部 | 葛柏绍 | 男 | 汉 | 3500 | 26 | 2 |
| | 23 | 研发部 | 卫杰靖 | 男 | 汉 | 2800 | 28 | 4 |
| | 24 | 研发部 | 周旭 | 男 | 汉 | 2800 | 29 | 2 |
| | 25 | 研发部 | 田岭泽 | | | 3500 | 27 | 2 |

图5-62 多字段分类汇总

### 5.3.5 将数据变为负数

有时为了方便对比，我们需要简单地处理一下原数据。例如，在任意空白单元格输入 -1，然后复制，选中 D 列数量，右键选中"选择性粘贴"，点击"数值"和"乘"，点击"确定"。选择性粘贴后，我们可以看到，数据已经变成了负数。如图 5-63、图 5-64 所示。

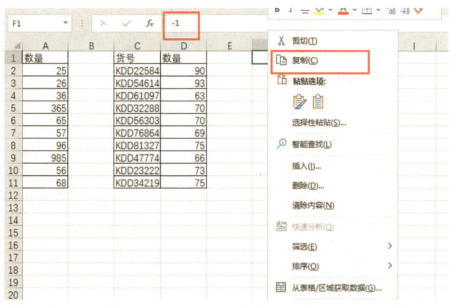

图5-63　将数据变为负数

(a)

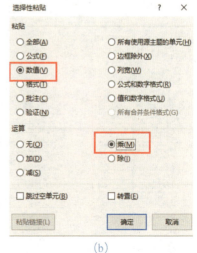

(b)

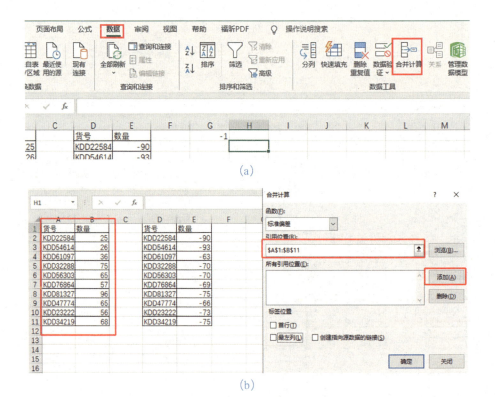

(c)

图5-64 将数量一列的数据变成负数

### 5.3.6 数据的合并运算

选择一个空白单元格来存放比对的数据结果。点击"数据"选项卡，点击"合并计算"，然后选择第一组数据（A、B 列），点击"添加"，把数据添加到"所有引用位置"中，函数选择"求和"，把第二组数据（D、E 列）添加到"所有引用位置"中，勾选"首行"和"最左列"复选框，点击"确定"。如图 5-65 所示。

(a)

(b)

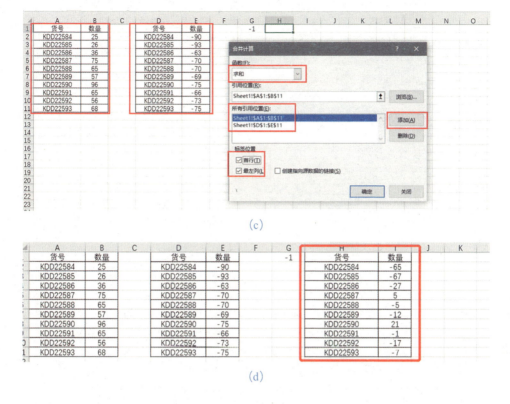

(c)

(d)

图5-65 数据的合并计算

# 5.4 使用图表分析数据

利用 Excel 提供的图表功能，可以形象、直观地反映工作表中的数据，方便我们对数据进行比较和预测，也使枯燥的数据变得生动起来。

## 5.4.1 创建图表

创建图表，先在工作表中输入用于创建图表的数据，使用"图表"工具栏和"图表向导"创建。创建的图表可以放置在一个单独的工作表中，也可以用嵌套的方式插入当前工作表中。如图 5-66 所示。

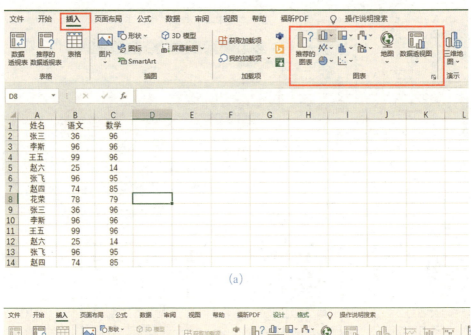

(a)

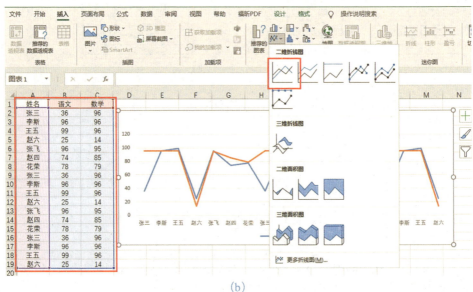

(b)

图5-66　创建图表

## 5.4.2　编辑图表

　　图表创建后，我们可以对其进行编辑，如改变图表的类型、位置和大小等，使图表符合要求。修改图表标题如图 5-67 所示。

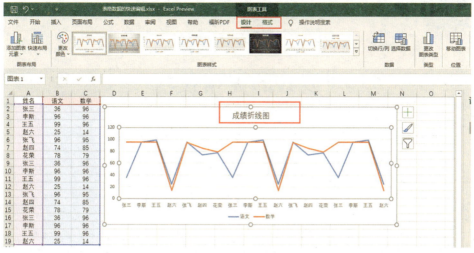

图5-67　修改图表标题

### 5.4.3　更改源数据

如果表格中的数据发生了变化，就需要更改图表的源数据。向图表中添加数据时，嵌入式图表与图表工作表的添加方式有所不同。

如要将数据添加到嵌入式图表中，可以直接选中要添加的数据，将其拖向图表中，释放鼠标即可。如果嵌入式图表是从非相邻选定区域生成的，则使用复制和粘贴命令。

### 5.4.4　图表的移动和缩放

图表一般由图表区和绘图区两大部分组成，它可以嵌入其他工作表中，也可以以独立的工作表的形式存在。对于以独立的工作表的形式存在的图表，其图表区是固定不动的，只能对其绘图区、标题、图例进行移动和缩放；而对于嵌入到工作表中的图表，用户可以移动图表中的各个部分，还可以拖动其控制点来调整图表及其各部分的大小。如图 5-68 所示。

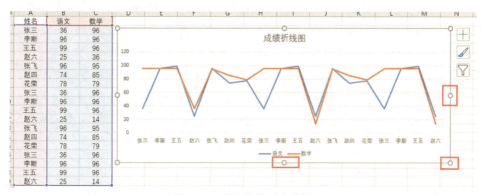

图5-68　图表的移动和缩放

# 公式的应用技巧

## 6.1 公式的应用基础

Excel 是一款非常强大的数据处理软件，其中最核心的部分就是公式和函数。通过使用公式和函数可以大幅度提高处理数据的工作效率。下面将为大家揭开公式的"神秘面纱"。

### 6.1.1 初步了解 Excel 公式

公式是以"="开始，结合运算法、函数、参数等对数据进行运算的等式。也就是说，在 Excel 中，凡是在单元格中先输入等号"="，再输入其他数据的，程序会自动将其认定为公式。

### 6.1.2 公式的运算符及其优先级

Excel 公式包含四类运算符，按照运算顺序的优先级排列，分别是：引用运算符、算术运算符、文本运算符与比较运算符。

引用运算符用于对单元格区域的合并计算。例如：冒号（:）是区域运算符，逗号（,）是联合运算符，空格是交叉运算符。

算术运算符用于基本的算术运算。按照算术运算的顺序排列，常见的算术运算符有：负号（-）、百分数（%）、幂（^）、乘（*）、除（/）、加（+）、减（-）。

文本运算符用于连接文本信息，即字符串信息。最常用的文本运算符是"&"，该运算符的作用是：将不同单元格的文本信息连接起来组成一个新的文本信息。

比较运算符用于比较两个数值的大小，并且返回逻辑值"TURE"或"FLASE"。比较运算符有：等于（=）、不等于（<>）、大于（>）、小于（<）、大于等于（>=）、小于等于（<=）。

# 6.2 公式的引用

引用是引用单元格中的值。可以引用同一个工作表中单元格的值，也可以引用同一个工作簿中其他工作表中单元格的值。

## 6.2.1 公式的复制

复制公式可以快速解决不同单元格的类似计算。复制公式时，可以通过复制＋粘贴的方式实现，也可以通过自动填充功能快速复制。具体操作如下：

打开工作表，选中要复制的公式所在的单元格，移动鼠标至该单元格的右下角，等到鼠标指针变成黑色十字状时，按住鼠标左键不松，向待计算的单元格区域拖动。如图 6-1 所示。

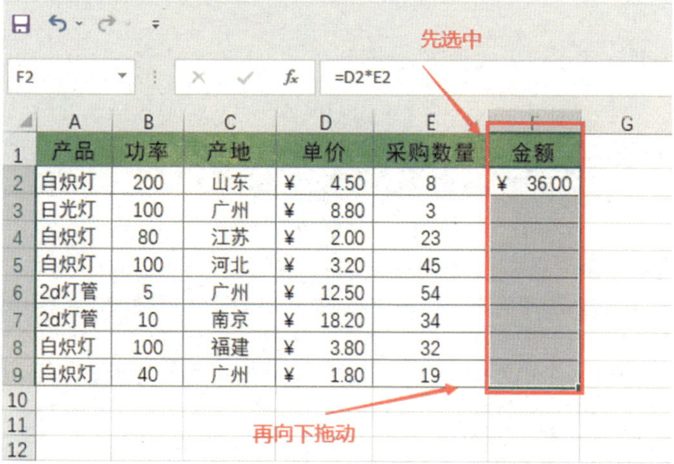


| 产品 | 功率 | 产地 | 单价 | 采购数量 | 金额 |
|---|---|---|---|---|---|
| 白炽灯 | 200 | 山东 | ¥ 4.50 | 8 | ¥ 36.00 |
| 日光灯 | 100 | 广州 | ¥ 8.80 | 3 | |
| 白炽灯 | 80 | 江苏 | ¥ 2.00 | 23 | |
| 白炽灯 | 100 | 河北 | ¥ 3.20 | 45 | |
| 2d灯管 | 5 | 广州 | ¥ 12.50 | 54 | |
| 2d灯管 | 10 | 南京 | ¥ 18.20 | 34 | |
| 白炽灯 | 100 | 福建 | ¥ 3.80 | 32 | |
| 白炽灯 | 40 | 广州 | ¥ 1.80 | 19 | |

图6-1 快速拖动复制公式

执行上述操作后，便可以得到计算的结果。如图 6-2 所示。

| 产品 | 功率 | 产地 | 单价 | 采购数量 | 金额 |
|---|---|---|---|---|---|
| 白炽灯 | 200 | 山东 | ¥ 4.50 | 8 | ¥ 36.00 |
| 日光灯 | 100 | 广州 | ¥ 8.80 | 3 | ¥ 26.40 |
| 白炽灯 | 80 | 江苏 | ¥ 2.00 | 23 | ¥ 46.00 |
| 白炽灯 | 100 | 河北 | ¥ 3.20 | 45 | ¥ 144.00 |
| 2d灯管 | 5 | 广州 | ¥ 12.50 | 54 | ¥ 675.00 |
| 2d灯管 | 10 | 南京 | ¥ 18.20 | 34 | ¥ 618.80 |
| 白炽灯 | 100 | 福建 | ¥ 3.80 | 32 | ¥ 121.60 |
| 白炽灯 | 40 | 广州 | ¥ 1.80 | 19 | ¥ 34.20 |

图6-2 计算结果

### 6.2.2  相对引用

　　相对引用是指公式中的引用根据显示计算结果的单元格位置的不同而做出相应改变的引用方式。这种方式最突出的特点是：引用的单元格与包含公式的单元格之间的相对位置不变。如把 E2 单元格中的公式复制到 E3 单元格中，公式所引用的单元格发生了变化（公式复制方法为：选中单元格，按"Ctrl+C"快捷键进行复制或右键选择复制功能，也可以像图 6-1 中那样拖动复制）。如图 6-3 所示。

图6-3　相对引用

　　相对引用的一些引用方式如下表所示。

相对引用及引用方式

| 引用内容 | 引用方式 |
| --- | --- |
| 单一单元格 | 单元格地址 |
| 列-连续多个单元格 | 开始单元格地址:结束单元格地址 |
| 行-连续多个单元格 | 开始单元格地址:结束单元格地址 |
| 列-所有单元格<br>（公式单元格不能与引用单元格同列） | 列号:列号 |
| 行-所有单元格<br>（公式单元格不能与引用单元格同行） | 行号:行号 |

### 6.2.3  绝对引用

　　绝对引用是指复制公式到其他单元格后地址不会发生变化的引用方式。绝对引用的引用方式为：在列和行中添加"$"符号。

　　如把 E2 单元格中的公式复制到 E3 单元格中，公式所引用的单元格不会发生变化。如图 6-4 所示。

图6-4 绝对引用

## 6.2.4 混合引用

混合引用是指复制公式到其他单元格后行或列的地址不变。混合引用的方式为：在行或列前加"$"符号。"$"符号写在行前面是固定行数，写在列前面是固定列数，行和列都写"$"符号，就是行和列都固定。如图6-5所示。

图6-5 混合引用

## 6.2.5 同一工作簿中其他工作表单元格的引用

利用感叹号（!）可以将工作表区域的引用与单元格区域的引用分开。如果工作表名称为数字或名称中含有空格时，便需要用单引号引起来，如"=B2+C2+D2+'my worksheet'!B2"或"=B2+C2+D2+'5201314'!B2"。也可以引用多个工作表。如"=B2+C2+D2+Sheet2!B2+Sheet3!B2"。如图 6-6 所示。

图6-6 同一工作簿中其他工作表单元格的引用

## 6.2.6 其他工作簿中单元格的引用

在 Excel 表格中计算某些量时，可能需要引用其他表格中的数据，这时，就需要用到其他工作簿中单元格的引用。具体操作如下：

打开一个表格，选中显示计算结果的单元格并输入"="，单击该表格中需要参与计算的单元格并输入运算符。如图 6-7 所示。

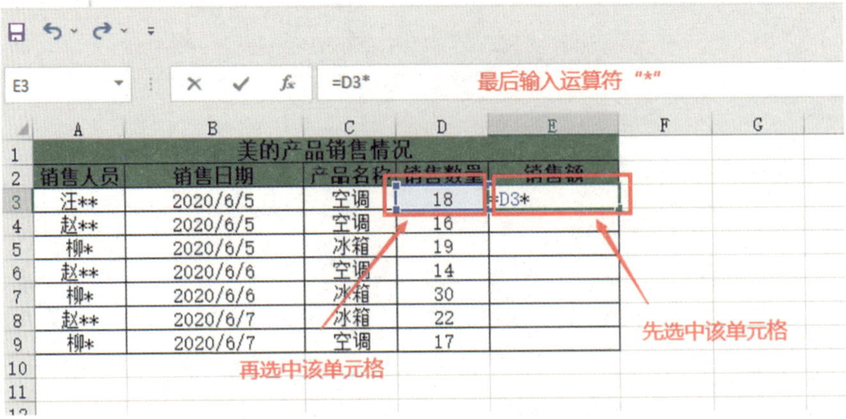

| | A | B | C | D | E |
|---|---|---|---|---|---|
| 1 | 美的产品销售情况 | | | | |
| 2 | 销售人员 | 销售日期 | 产品名称 | 销售数量 | 销售额 |
| 3 | 汪** | 2020/6/5 | 空调 | 18 | =D3* |
| 4 | 赵** | 2020/6/5 | 空调 | 16 | |
| 5 | 柳* | 2020/6/5 | 冰箱 | 19 | |
| 6 | 赵** | 2020/6/6 | 空调 | 14 | |
| 7 | 柳* | 2020/6/6 | 冰箱 | 30 | |
| 8 | 赵** | 2020/6/7 | 冰箱 | 22 | |
| 9 | 柳* | 2020/6/7 | 空调 | 17 | |



图6-7 选中单元格并输入运算符

打开另外一个表格，选中该表格中需要引用的数据所在的单元格。如图 6-8 所示。

接下来，按“Enter”键则可以直接返回到上一个表格中并得到计算结果。如图 6-9 所示。

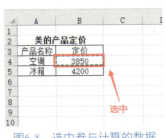

| | A | B |
|---|---|---|
| 2 | 美的产品定价 | |
| 3 | 产品名称 | 定价 |
| 4 | 空调 | 3850 |
| 5 | 冰箱 | 4200 |



图6-8 选中参与计算的数据

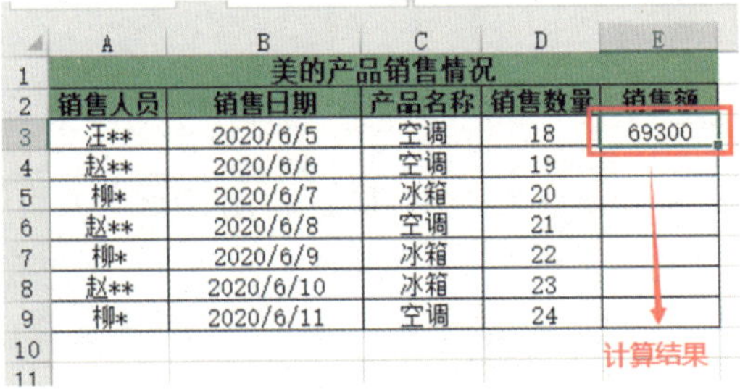

| | A | B | C | D | E |
|---|---|---|---|---|---|
| 1 | 美的产品销售情况 | | | | |
| 2 | 销售人员 | 销售日期 | 产品名称 | 销售数量 | 销售额 |
| 3 | 汪** | 2020/6/5 | 空调 | 18 | 69300 |
| 4 | 赵** | 2020/6/6 | 空调 | 19 | |
| 5 | 柳* | 2020/6/7 | 冰箱 | 20 | |
| 6 | 赵** | 2020/6/8 | 空调 | 21 | |
| 7 | 柳* | 2020/6/9 | 冰箱 | 22 | |
| 8 | 赵** | 2020/6/10 | 冰箱 | 23 | |
| 9 | 柳* | 2020/6/11 | 空调 | 24 | |



图6-9 计算结果

利用该方法可以快速地完成相应的计算，并得到最终的计算结果。如图 6-10 所示。

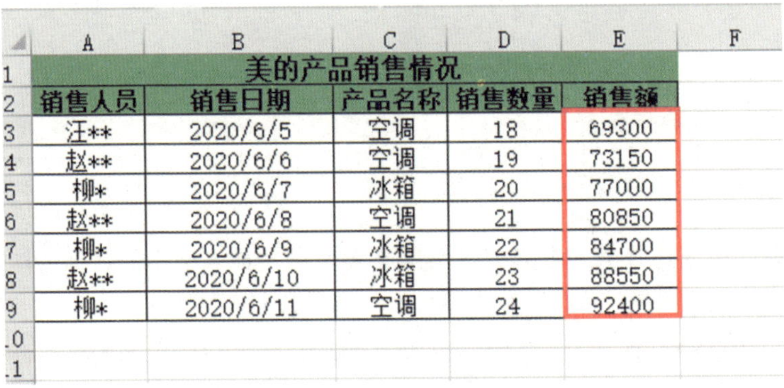

| | A | B | C | D | E |
|---|---|---|---|---|---|
| 1 | 美的产品销售情况 | | | | |
| 2 | 销售人员 | 销售日期 | 产品名称 | 销售数量 | 销售额 |
| 3 | 汪** | 2020/6/5 | 空调 | 18 | 69300 |
| 4 | 赵** | 2020/6/6 | 空调 | 19 | 73150 |
| 5 | 柳* | 2020/6/7 | 冰箱 | 20 | 77000 |
| 6 | 赵** | 2020/6/8 | 空调 | 21 | 80850 |
| 7 | 柳* | 2020/6/9 | 冰箱 | 22 | 84700 |
| 8 | 赵** | 2020/6/10 | 冰箱 | 23 | 88550 |
| 9 | 柳* | 2020/6/11 | 空调 | 24 | 92400 |

图6-10 全部的计算结果

### 6.2.7　锁定与隐藏公式

为了防止误触导致公式被修改，可以采用"锁定公式"功能。另外，如果不希望其他人看到自己使用的公式，可以将公式隐藏起来。这样的话，再次选中单元格时，就只显示计算结果，而编辑栏显示为空。具体操作如下：

打开一个带有计算公式的文件，选中公式所在的单元格区域，在弹出的菜单中选择"设置单元格格式"。如图 6-11 所示。

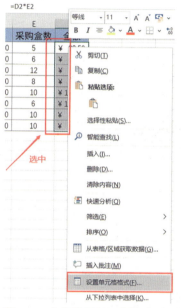

图6-11　打开设置单元格格式对话框

图6-12　设置单元格格式

打开"设置单元格格式"对话框后，点击"保护"选项卡，勾选"锁定"和"隐藏"复选框，单击右下角的"确定"按钮。如图 6-12 所示。

单击"审阅"选项卡下"保护"分组中的"保护工作表"按钮，打开"保护工作表"对话框。在"取消工作表保护时使用的密码"文本框中输入密码，单击"确定"即可完成设置。如图 6-13 所示。

完成上述操作后，即可锁定并隐

图6-13　输入密码

藏公式。

### 6.2.8 合并不同单元格中的内容

有时，我们需要将工作表内前面几个单元格中的内容组合到后面新建的单元格中，这时，要借助运算符“&”合并单元格中的内容。

打开 Excel 表格文件，选中需要存放组合信息的单元格，输入“=”，依次选中要组合的单元格，中间穿插输入“&”符号。如图 6-14 所示。

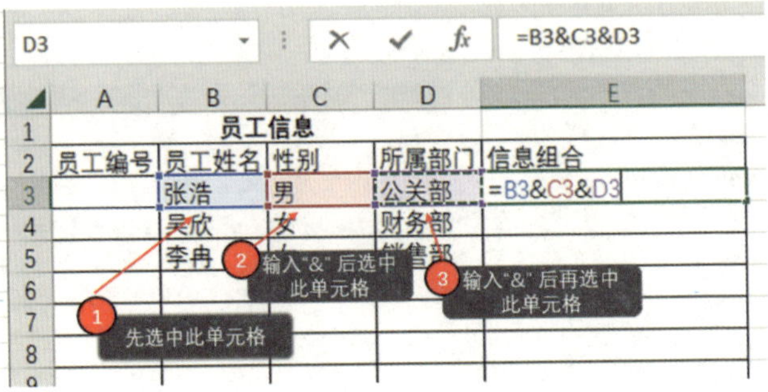


图6-14 选中单元格并穿插输入“&”符号

输入公式之后，按“Enter”键即可得到计算结果。如图 6-15 所示。

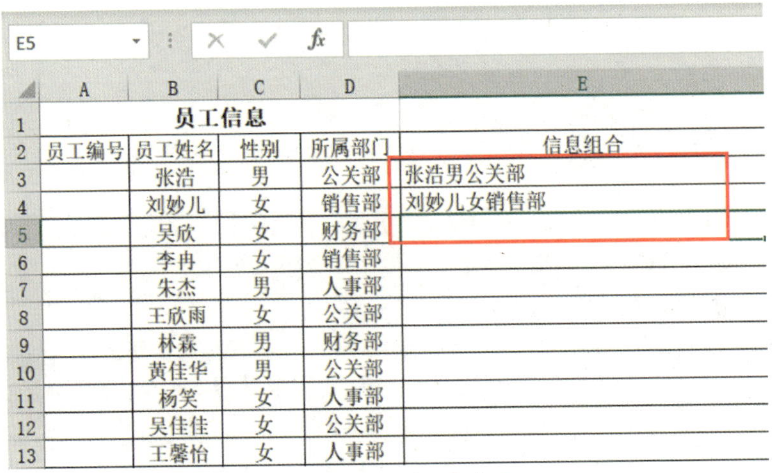

| 员工编号 | 员工姓名 | 性别 | 所属部门 | 信息组合 |
|---|---|---|---|---|
| | 张浩 | 男 | 公关部 | 张浩男公关部 |
| | 刘妙儿 | 女 | 销售部 | 刘妙儿女销售部 |
| | 吴欣 | 女 | 财务部 | |
| | 李冉 | 女 | 销售部 | |
| | 朱杰 | 男 | 人事部 | |
| | 王欣雨 | 女 | 公关部 | |
| | 林霖 | 男 | 财务部 | |
| | 黄佳华 | 男 | 公关部 | |
| | 杨笑 | 女 | 人事部 | |
| | 吴佳佳 | 女 | 公关部 | |
| | 王馨怡 | 女 | 人事部 | |

图6-15 合并单元格内容

### 6.2.9 解决计算结果不更新的问题

一般情况下，选中单元格并拖动鼠标复制公式。这时，公式根据引用的单元格进行自动计算，但有时也会出现计算结果不更新的现象。如图 6-16 所示。

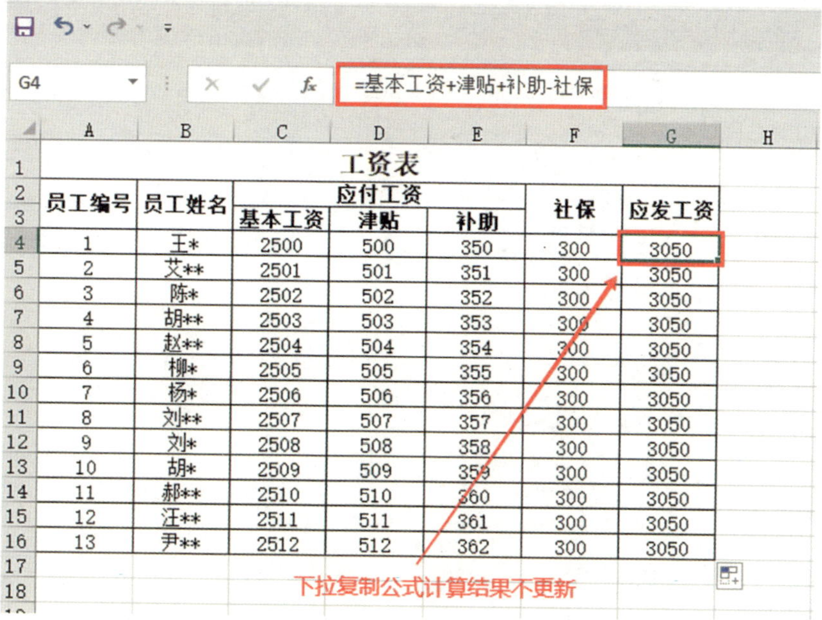

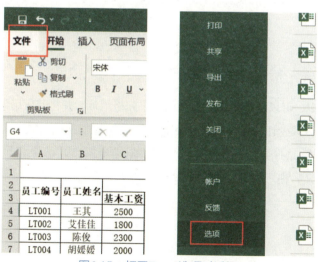

图6-16　计算结果不更新

具体的解决步骤如下：点击左上角"文件"选项卡，在新弹出的菜单中选择"选项"，打开"Excel选项"对话框。如图6-17所示。

图6-17　打开Excel选项对话框

打开对话框之后，切换到"公式"选项卡，在"计算选项"选项组中选中"自动重算"单选按钮，单击"确定"即可。如图6-18所示。

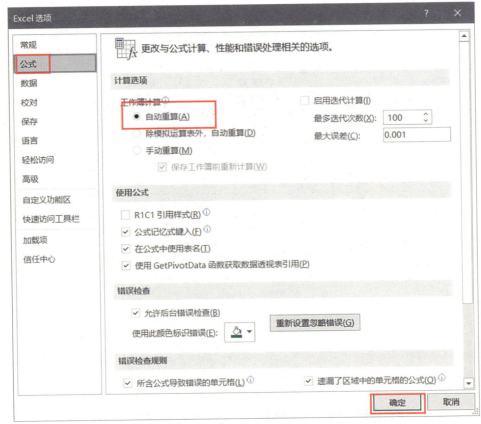

图6-18 设置自动重算

## 6.2.10 为单元格定义名称并引用

在 Excel 中，可以用自定义名称来代替单元格地址，并将其应用到公式计算中，提高工作效率，减少计算错误。具体操作如下：

打开工作表，选择要定义名称的单元格区域，单击"公式"选项卡下"定义的名称"分组中的"定义名称"按钮。如图 6-19 所示。

| 部门 | 基本工资 | 岗位工资 | 全勤奖 | 请假天数 | 考勤扣款 | 实发工资 |
|---|---|---|---|---|---|---|
| 营销部 | 2000 | 500 | 0 | -1 | -91 | 2409 |
| 市场部 | 1500 | 800 | 500 | | 0 | 2800 |
| 广告部 | 2500 | 600 | 500 | | 0 | 3600 |
| 市场部 | 1500 | 500 | 500 | | 0 | 2500 |
| 财务部 | 2000 | 700 | 0 | -1.5 | -136 | 2564 |
| 营销部 | 2000 | 500 | 500 | | 0 | 3000 |
| 广告部 | 2500 | 800 | 500 | | 0 | 3800 |
| 广告部 | 2500 | 1000 | 0 | -3 | -341 | 3159 |
| 市场部 | 1500 | 500 | 500 | | 0 | 2500 |
| 财务部 | 2000 | 600 | 500 | | 0 | 3100 |

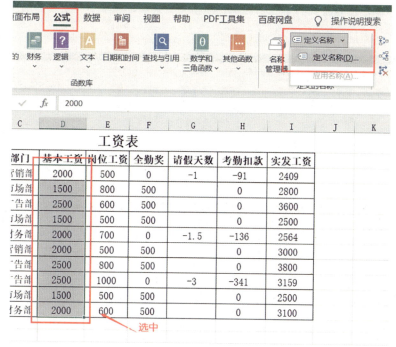

图6-19 打开定义名称对话框

打开“新建名称”对话框，在“名称”文本框中输入自定义的名称，单击“确定”按钮。如图 6-20 所示。

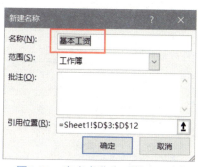

图6-20 定义名称为“基本工资”

| 编号 | 姓名 | 部门 | 基本工资 | 岗位工资 |
|---|---|---|---|---|
| YG001 | 张浩 | 营销部 | 2000 | 500 |
| YG002 | 刘妙儿 | 市场部 | 1500 | 800 |
| YG003 | 吴欣 | 广告部 | 2500 | 600 |
| YG004 | 李冉 | 市场部 | 1500 | 500 |
| YG005 | 朱杰 | 财务部 | 2000 | 700 |
| YG006 | 王欣雨 | 营销部 | 2000 | 500 |
| YG007 | 林霖 | 广告部 | 2500 | 800 |
| YG008 | 黄佳华 | 广告部 | 2500 | 1000 |
| YG009 | 杨笑 | 市场部 | 1500 | 500 |
| YG010 | 吴佳佳 | 财务部 | 2000 | 600 |

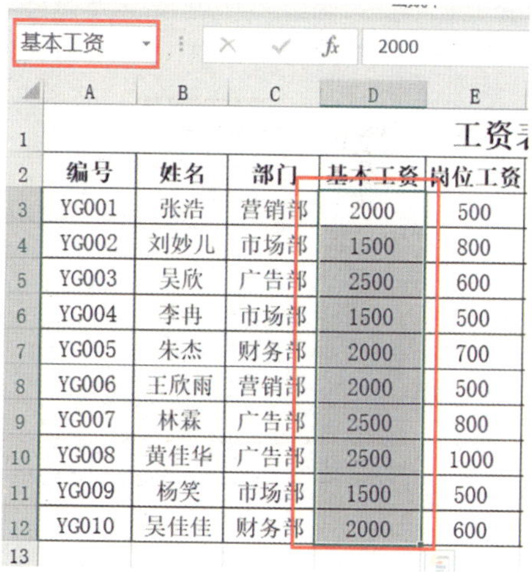

图6-21 自定义名称显示

自定义完成后，再次选中该单元格区域时，名称框中便会显示自定义的名称。如图 6-21 所示。

选中要定位为公式的单元格区域，单击"公式"选项卡下"定义的名称"分组中的"定义名称"按钮。如图 6-22 所示。

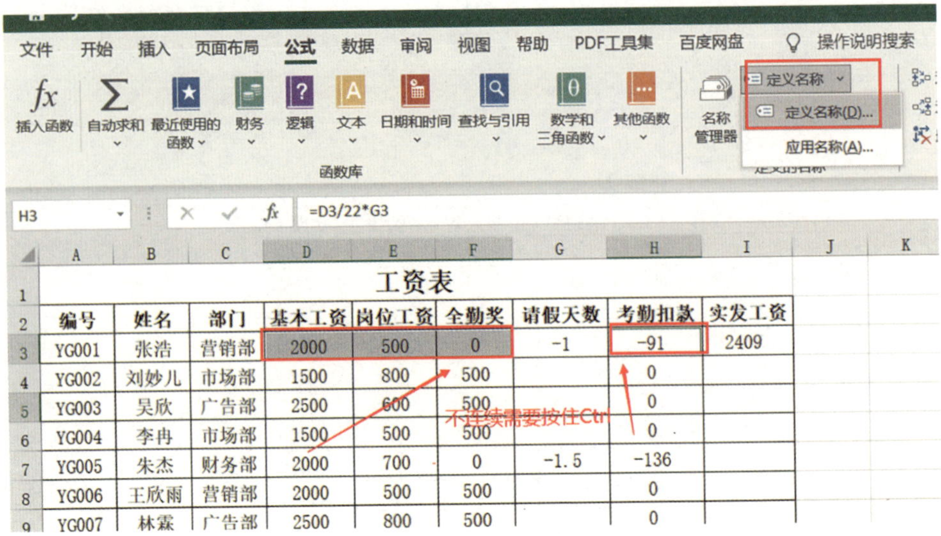

图6-22　定义名称

打开"新建名称"对话框，在"名称"文本框中输入名称，在"引用位置"参数框中输入公式"=sum(Sheet1!$D$3,Sheet1!$E$3,Sheet1!$F$3,Sheet1!$H$3)"，在实际的操作中，只须在选定区域外加上"sum()"即可，单击"确定"按钮。如图 6-23 所示。

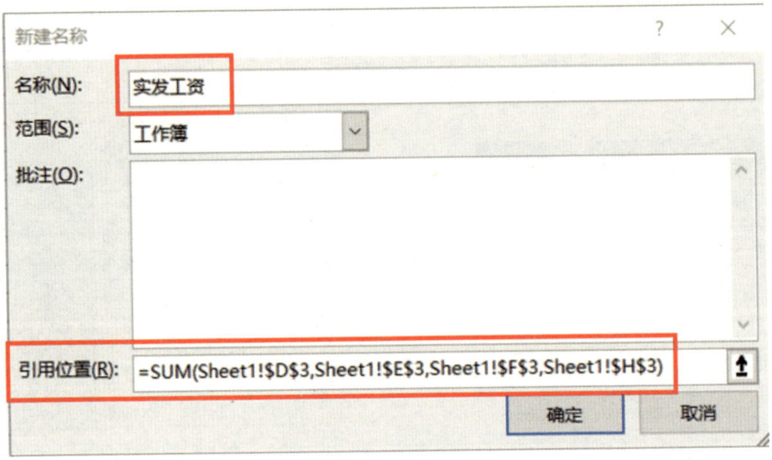

图6-23　新建名称

选中 I3 单元格，单击"用于公式"下拉菜单中的"实发工资"。如图 6-24 所示。

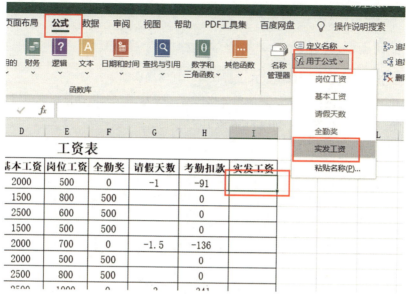

图6-24　将名称用于公式

执行完上述操作之后，I3 单元格中显示"= 实发工资"，按下"Enter"键进行确认即可得到计算结果。如图 6-25 所示。

| | 姓名 | 部门 | 基本工资 | 岗位工资 | 全勤奖 | 请假天数 | 考勤扣款 | 实发工资 |
|---|---|---|---|---|---|---|---|---|
| | | | | 工资表 | | | | |
| 3 | 张浩 | 营销部 | 2000 | 500 | 0 | -1 | -91 | 2409 |
| 4 | 刘妙儿 | 市场部 | 1500 | 800 | 500 | | 0 | |
| 5 | 吴欣 | 广告部 | 2500 | 600 | 500 | | 0 | |
| 6 | 李冉 | 市场部 | 1500 | 500 | 500 | | 0 | |
| 7 | 朱杰 | 财务部 | 2000 | 700 | 0 | -1.5 | -136 | |
| 8 | 王欣雨 | 营销部 | 2000 | 500 | 500 | | 0 | |
| 9 | 林霖 | 广告部 | 2500 | 800 | 500 | | 0 | |
| 10 | 黄佳华 | 广告部 | 2500 | 1000 | 0 | -3 | -341 | |
| 11 | 杨笑 | 市场部 | 1500 | 500 | 500 | | 0 | |
| 12 | 吴佳佳 | 财务部 | 2000 | 600 | 500 | | 0 | |

图6-25　计算结果

## 6.3　数组公式的使用

在 Excel 中，如果需要对两个或者两个以上的单元格区域同时进行计算，我们可以借助数组公式完成。数组公式就是对两组或者多组参数进行多重计算，并可以返回一个或多个结果的计算公式。

### 6.3.1    利用数组公式完成多个单元格的计算

在多个单元格中使用数组公式进行计算，具体操作如下：

打开工作表，选择存放结果的单元格区域，输入"="，拖动鼠标选中需要参与计算的第一个单元格区域。如图 6-26 所示。

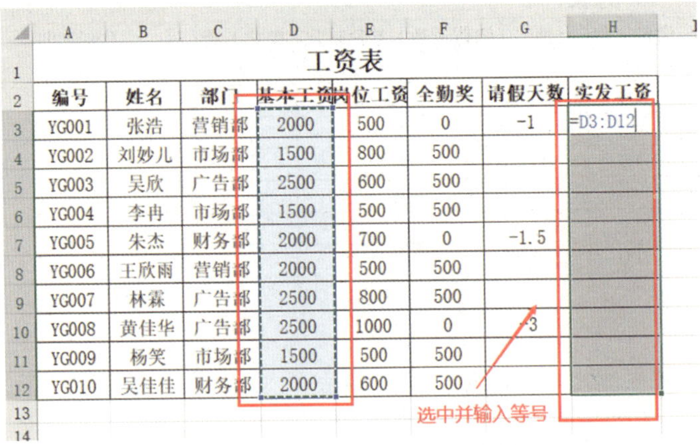

图6-26    选中相应的单元格区域

重复上述步骤，依次将每一个要参与运算的单元格区域拖动选中，并穿插输入相应的运算符号。如图 6-27 所示。

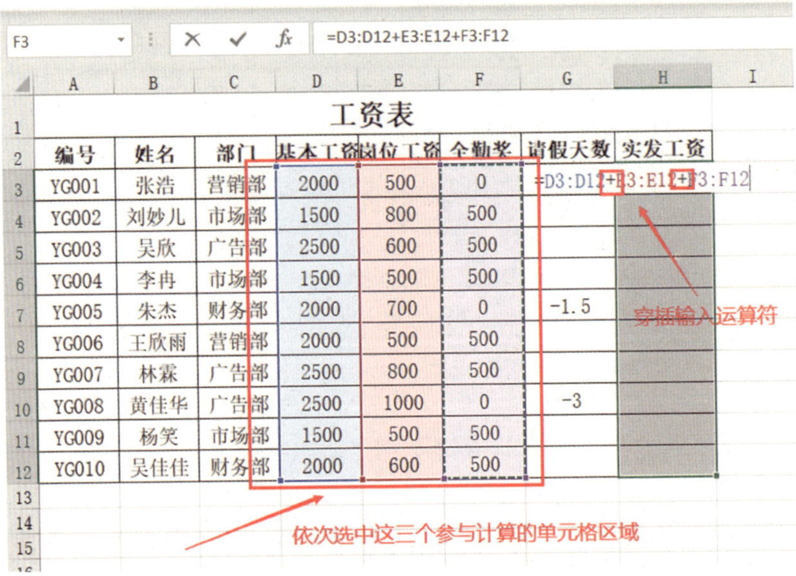

图6-27    输入组合公式

执行完上述操作后，按“Ctrl+Shift+Enter”组合键即可得到所有的计算结果。如图 6-28 所示。

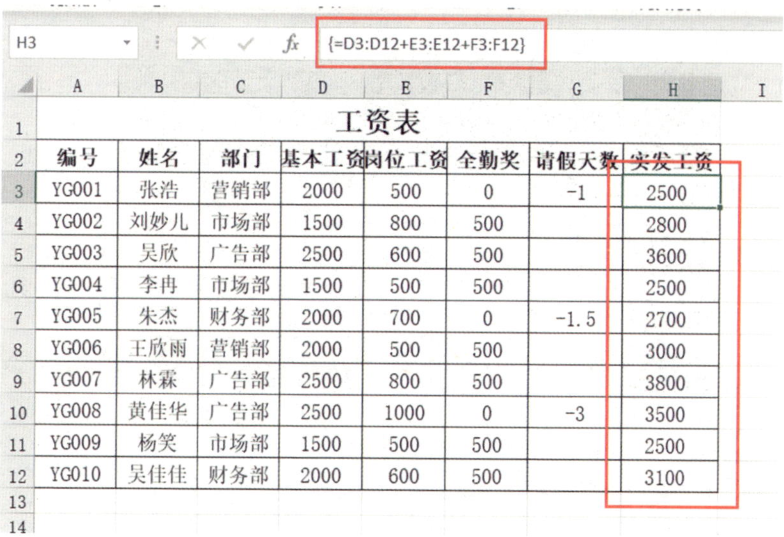


| 编号 | 姓名 | 部门 | 基本工资 | 岗位工资 | 全勤奖 | 请假天数 | 实发工资 |
|---|---|---|---|---|---|---|---|
| YG001 | 张浩 | 营销部 | 2000 | 500 | 0 | -1 | 2500 |
| YG002 | 刘妙儿 | 市场部 | 1500 | 800 | 500 | | 2800 |
| YG003 | 吴欣 | 广告部 | 2500 | 600 | 500 | | 3600 |
| YG004 | 李冉 | 市场部 | 1500 | 500 | 500 | | 2500 |
| YG005 | 朱杰 | 财务部 | 2000 | 700 | 0 | -1.5 | 2700 |
| YG006 | 王欣雨 | 营销部 | 2000 | 500 | 500 | | 3000 |
| YG007 | 林霖 | 广告部 | 2500 | 800 | 500 | | 3800 |
| YG008 | 黄佳华 | 广告部 | 2500 | 1000 | 0 | -3 | 3500 |
| YG009 | 杨笑 | 市场部 | 1500 | 500 | 500 | | 2500 |
| YG010 | 吴佳佳 | 财务部 | 2000 | 600 | 500 | | 3100 |

图6-28 计算结果

## 6.3.2 利用数组公式完成单个单元格的计算

数组公式还可以应用于单个单元格中，以便完成多步运算，具体操作如下：

打开表格文件，选中存放结果的单元格，并在其中输入“SUM()”，将光标移动到“SUM()”的括号中。如图 6-29 所示。

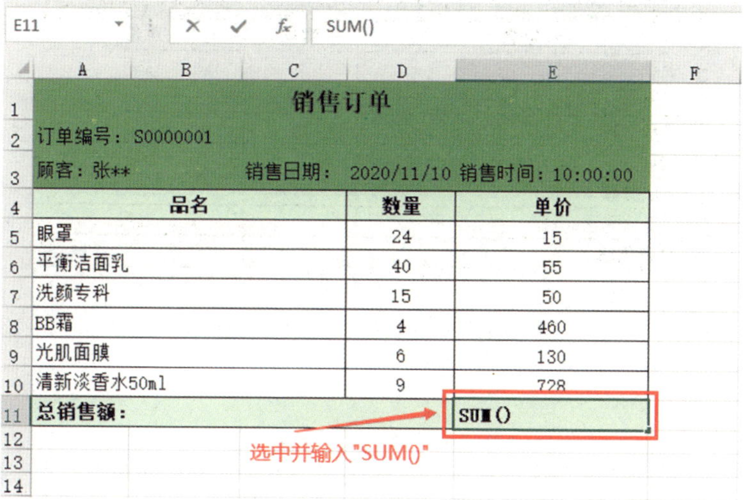


| 品名 | 数量 | 单价 |
|---|---|---|
| 眼罩 | 24 | 15 |
| 平衡洁面乳 | 40 | 55 |
| 洗颜专科 | 15 | 50 |
| BB霜 | 4 | 460 |
| 光肌面膜 | 6 | 130 |
| 清新淡香水50ml | 9 | 728 |
| 总销售额： | | SUM() |

图6-29 选中并输入SUM函数

和之前的操作一样，拖动鼠标依次选择参与计算的单元格区域，并在其中穿插输入相应的计算符号。如图6-30所示。

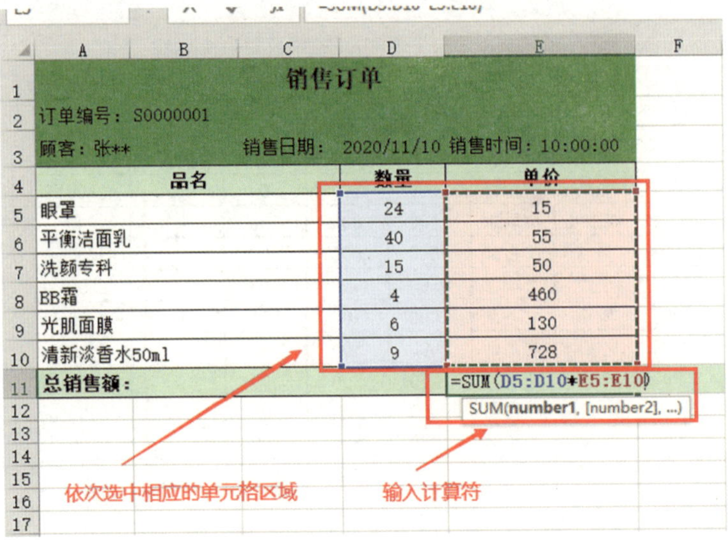

图6-30 选中区域完善公式

完成上述操作后，也就完成了相应的设置，按"Ctrl+Shift+Enter"组合键即可得到最终的计算结果。如图6-31所示。

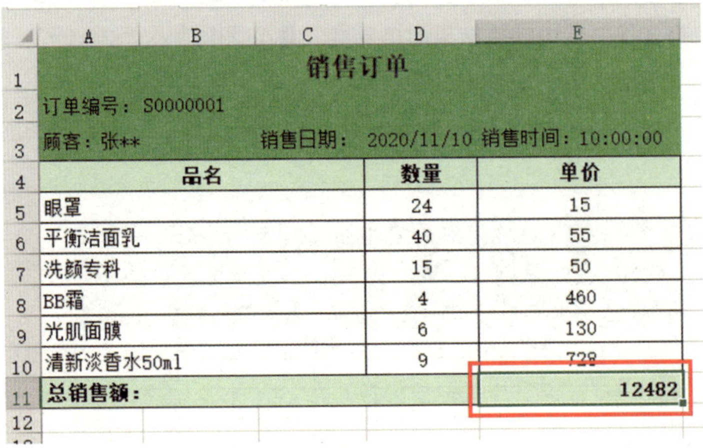

图6-31 计算结果

### 6.3.3 对数组公式进行扩展

通过前面的学习，如果稍加注意，那么便会发现在使用数组公式时，所选择的参与计算的单元格区域必须是同维的，也就是参与计算的各个部分的单元格区域要有相同数量的行和列。如果数组不是同维的，可以通过相关操作自动扩展该参数。具体操作如下：

打开表格文件，按照前面的操作，选中存放结果的单元格区域，输入"="，选中要参与计算的"销售数量"所在的单元格区域，输入"*"之后选中"单价"所在的单元格区域 F3。如图 6-32 所示。

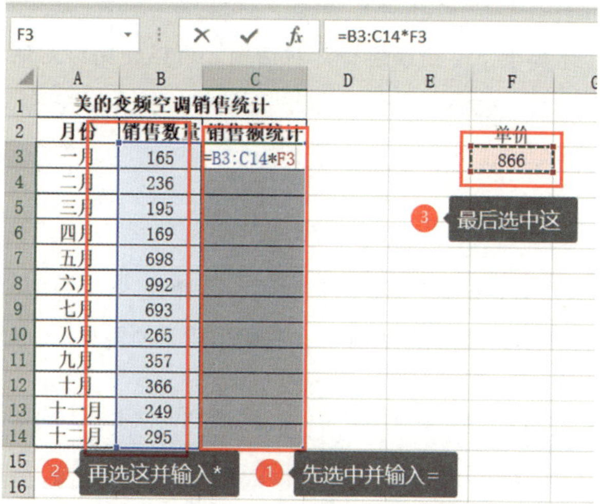

图6-32 选择参与计算的单元格区域

按"Ctrl+Shift+Enter"组合键即可得到最终的计算结果。如图 6-33 所示。

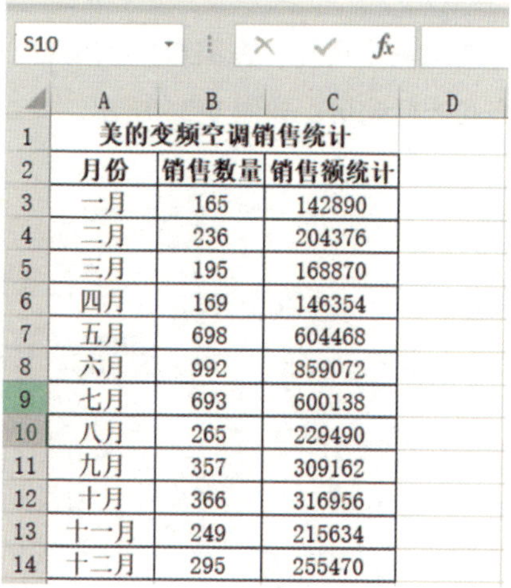

图6-33 计算结果

在该例中，虽然"销售数量"与"单价"的维度并不相同，但 Excel 程序自动解决了这个问题，我们只需要按照正常的步骤操作即可。

# 6.4  公式审核与错误处理

Excel 能够自动对单元格中输入的公式进行检查，如果公式无法得出正确的结果，单元格中将会显示一个错误值。当我们选择出错的单元格后，系统会弹出错误提示按钮，单击该按钮可以看到一个下拉列表，选择列表中的命令可对产生的错误进行处理。

另外，Excel 还提供了"错误检查"对话框，可以使用该对话框对工作表中的公式逐一检查，并对错误的公式进行处理。下面将具体介绍在 Excel 工作表中检查和处理错误的公式的方法。

## 6.4.1  出现错误码

当公式存在错误时，Excel 会显示错误码。选择公式出错的单元格，单击错误提示按钮，将鼠标移动到该按钮上，Excel 将给出错误原因提示。如图 6-34 所示。

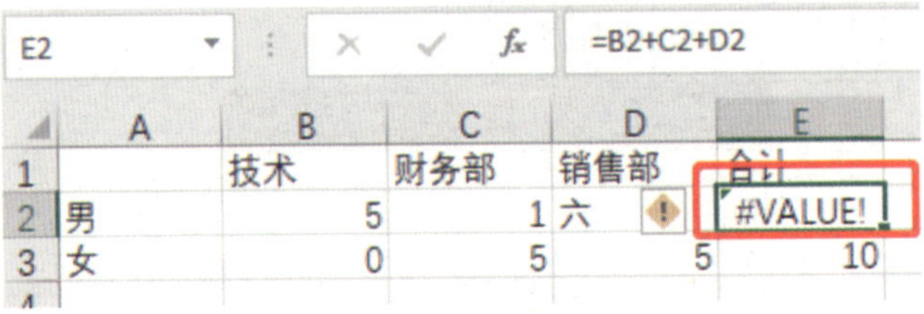

图6-34    错误原因提示

单击该按钮，在打开的菜单中选择"在编辑栏中编辑"的命令，将插入点光标放置到编辑栏中即可对公式进行编辑。如图 6-35 所示。

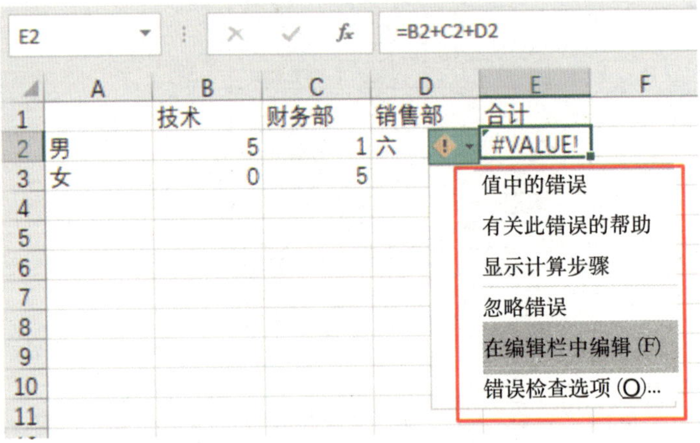

图6-35    选择在编辑栏中编辑的命令

### 6.4.2　使用错误检查

单击"公式"选项卡下"公式审核"分组中的"错误检查"下拉按钮。如图 6-36 所示。

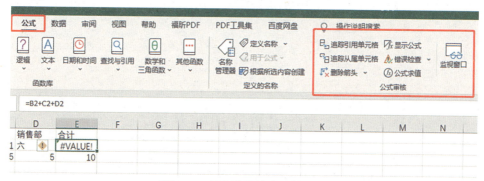

图6-36　单击错误检查下拉按钮

打开"错误检查"对话框，显示检测到的错误公式，系统会显示出错原因。如图 6-37 所示。

此时，单击"在编辑栏中编辑"的按钮可以对错误的公式进行修改；单击"忽略错误"的按钮将会忽略找到的错误。

完成当前的错误处理后，单击"下一个"按钮将显示表中的下一个错误，用户可以对下一个出错的公式进行修改。

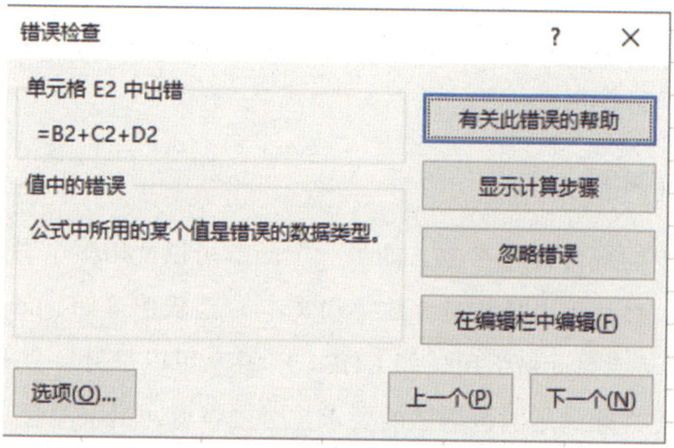

图6-37　错误检查对话框

> **注意：**在"错误检查"对话框中单击"选项"按钮将打开"Excel 选项"对话框，使用该对话框可以设置错误检查的规则。

# 第 7 章

# 函数的应用

## 7.1 函数应用的基础

### 7.1.1 什么是函数?

Excel 函数是程序预先定义的特殊公式，用于执行计算、分析和其他数据处理的任务。以常用求和函数 sum 为例，它的语法是：sum(number1,[number2],...)。其中，"sum" 为函数名。函数只有一个名称，它决定函数的功能和用途。函数名后面是一个开括号，开括号里面是用逗号分隔的内容，称为参数。

参数是函数中最复杂的组成部分。它指定函数的操作对象、序列或结构。用户可以处理单元格或单元格区域，如分析存款利息、确定分数排名、计算三角函数值等。

根据函数的来源，Excel 函数分为内置函数和扩展函数。在前者中，用户只要启动 Excel 就可以使用；后者必须单击"工具"来加载→外接程序菜单命令，然后才能像内置函数一样使用它。

### 7.1.2 函数的参数

函数开括号中的部分称为参数。如果一个函数可以使用多个参数，则参数之间用半角逗号分隔。参数可以是常量（数字和文本）、逻辑值（如 true 或 false）、数组、错误值（如 #N/A）或单元格引用（如 E1:H1），甚至可以是另一个函数或多个函数。参数的类型和位置必须满足函数语法的要求，否则将返回错误消息。

**常量：**常量是直接输入单元格或公式的数字、文本，或由名称表示的数字、文本值。如数字"2890.56"、日期"××××-8-19"、文本"dawn"都是常量。但公式和公式计算的结果都不是常量，因为只要公式的参数改变，它本身或计算的结果就会改变。

**逻辑值：**逻辑值是一种特殊类型的参数。它只有两种类型：true（真）或 false

（假）。例如：在公式"=if（A3=0,0,A2/A3）"中，"A3=0"是一个可以返回 true（真）或 false（假）的参数。当"A3=0"为真时，在公式所在的单元格中填写"0"；否则，在该单元格中填写"A2/A3"的计算结果。

**数组：** 数组用于生成多个结果或公式，这些结果或公式可以存储、计算行和列中的一组参数，Excel 中有数组常量和存储数组。

数组常量是数组公式的组成部分，通过输入一系列项，并用大括号将该系列项括起来即可创建数组常量。例如，键入公式："=PRODUCT(A1:A3,{4,8,12})"，然后使用"Ctrl+Shift+Enter"快捷键输入整个公式：={6,8,10,16}。

如果使用逗号分隔各项，将创建水平数组（一行）；如果使用分号分隔各项，将创建垂直数组（一列）。若要创建二维数组，应在每行中使用逗号分隔各项，并使用分号分隔每行。一行中的数组如 {6,8,10,16}，单列中的数组如 {1;4;5;8}，两行四列的数组如 {6,8,10,16; 1,4,5,8}。在两行数组中，第一行是 6、8、10、16；第二行是 1、4、5、8。在 16 和 1 之间使用单个分号分隔两行。

存储数组是一个矩形单元格范围，它是存储在 Excel 指定区域的数值。

该公式可以帮助我们理解数组常量和存储数组，1 为存储数组，2 为数组常量。该公式是 Excel 中 1:A3 单元格的数值和大括号内的数值进行相乘。

**错误值：** 使用错误值作为参数的主要是信息函数，例如"ERROR.TYPE"函数就是以错误值作为参数的。它的语法为：ERROR.TYPE(error_val)，如果其中的参数是 #NUM!，则返回值为"6"。

## 7.2  函数类型

如图 7-1 所示，我们打开一个 Excel 工作表，浏览最上方的菜单，找到"公式"选项卡。

图7-1  公式

单击"公式"选项卡，就可以看到其下的各种函数的类型。如图 7-2 所示。

图7-2　函数类型

单击"插入函数"，就会弹出"插入函数"对话框。如图 7-3 所示。

图7-3　插入函数

单击"自动求和"，弹出如图 7-4 所示的列表，展示相关的功能菜单。

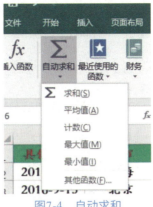

图7-4 自动求和

单击"财务"，就会弹出该类别下的各种函数类型。如图 7-5 所示。

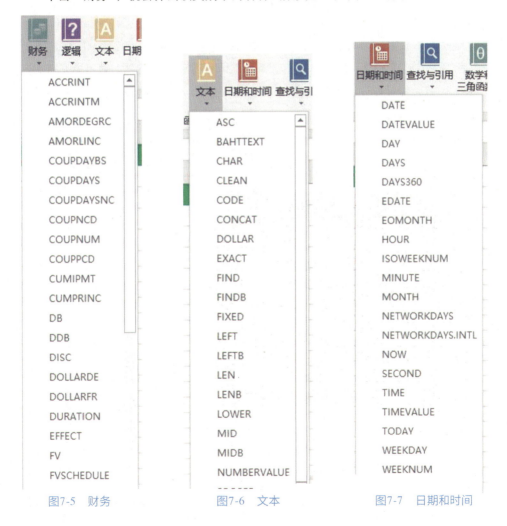

图7-5 财务          图7-6 文本          图7-7 日期和时间

单击“文本”，就会弹出文本下的一系列的函数类型。如图 7-6 所示。

单击“日期和时间”，就会弹出日期和时间下的一系列的函数类型，如图 7-7 所示。

# 7.3 函数的应用

## 7.3.1 从身份证号码中提取出生日期

工作中，有时需要建立员工信息电子档案，档案中包括身份证号码、出生日期、性别等信息。当员工人数很多时，逐个输入会浪费大量的时间和人力。因此，为了提高工作效率，我们可以利用 Excel 的 MID 和 TRUNC 函数的功能从身份证中快速提取出生日期和性别，具体操作如下：

选中存放提取结果的单元格，输入函数“=MID(D3,7,4）&" 年 "&MID(D3,11,2）&" 月 "&MID(D3,13,2）&" 日 "”，按 Enter 键即可得到计算结果。利用填充功能向下复制函数，即可计算出所有员工的出生日期。如图 7-8 所示。

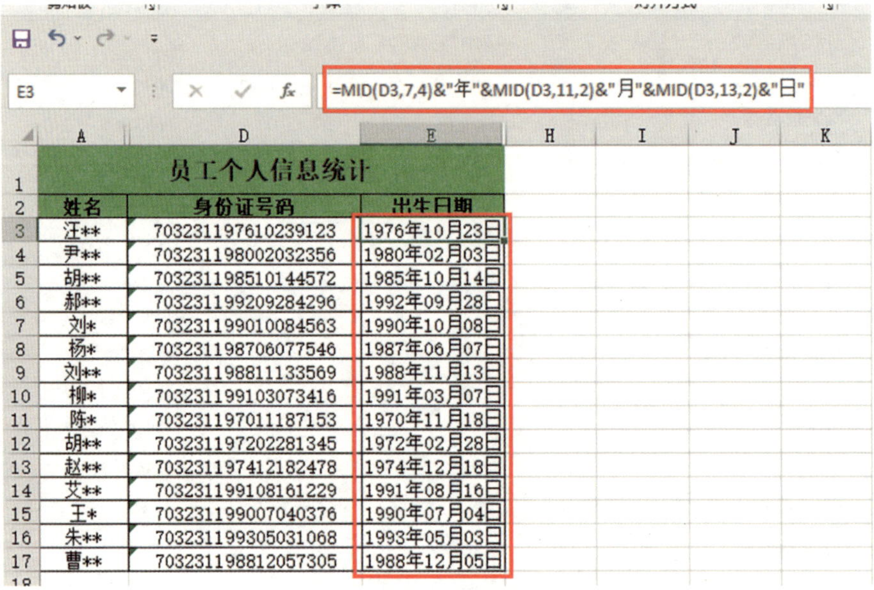


| 员工个人信息统计 | | |
|---|---|---|
| 姓名 | 身份证号码 | 出生日期 |
| 汪** | 703231197610239123 | 1976年10月23日 |
| 尹** | 703231198002032356 | 1980年02月03日 |
| 胡** | 703231198510144572 | 1985年10月14日 |
| 郝** | 703231199209284296 | 1992年09月28日 |
| 刘* | 703231199010084563 | 1990年10月08日 |
| 杨* | 703231198706077546 | 1987年06月07日 |
| 刘** | 703231198811133569 | 1988年11月13日 |
| 柳* | 703231199103073416 | 1991年03月07日 |
| 陈* | 703231197011187153 | 1970年11月18日 |
| 胡** | 703231197202281345 | 1972年02月28日 |
| 赵** | 703231197412182478 | 1974年12月18日 |
| 艾** | 703231199108161229 | 1991年08月16日 |
| 王* | 703231199007040376 | 1990年07月04日 |
| 朱** | 703231199305031068 | 1993年05月03日 |
| 曹** | 703231198812057305 | 1988年12月05日 |

图7-8 从身份证号码中提取出生日期

## 7.3.2 计算年龄

使用 MID 函数可以从身份证中提取出生日期，而使用 Datedif 函数则可以计算出年龄信息。

Datedif 函数的作用是计算两个时间的差值，如：“=Datedif("2001-3-20","2020-10-28","Y")”，第一个参数是开始的时间，也就是我们从身份证号中提取的出生日期；第二个参数是结束的时间，我们可以使用 TODAY 函数获取今天的日期；第三个参数是返回的类型。那么，该如何快速计算员工的年龄呢？具体操作如下：

选择存放计算出的年龄结果的单元格，输入函数 “=DATEDIF(E3,TODAY(),"Y")”。这里要注意 E3，它表示从 E3 这个单元格提取年龄信息，因此，在不一样的工作表中，这个位置是不同的。输入函数后按 Enter 键。如图 7-9 所示。

| | A | D | E | H |
|---|---|---|---|---|
| 1 | 员工个人信息统计 | | | |
| 2 | 姓名 | 身份证号码 | 出生日期 | 年龄 |
| 3 | 汪** | 703231197610239123 | 1976年10月23日 | 45 |
| 4 | 尹** | 703231198002032356 | 1980年02月03日 | |
| 5 | 胡** | 703231198510144572 | 1985年10月14日 | |

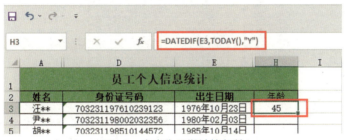

图7-9　由出生日期计算年龄

利用填充功能向下复制函数，即可将其他员工的年龄计算出来。如图 7-10 所示。

| | A | D | E | H |
|---|---|---|---|---|
| 1 | 员工个人信息统计 | | | |
| 2 | 姓名 | 身份证号码 | 出生日期 | 年龄 |
| 3 | 汪** | 703231197610239123 | 1976年10月23日 | 45 |
| 4 | 尹** | 703231198002032356 | 1980年02月03日 | 42 |
| 5 | 胡** | 703231198510144572 | 1985年10月14日 | 36 |
| 6 | 郝** | 703231199209284296 | 1992年09月28日 | 29 |
| 7 | 刘* | 703231199010084563 | 1990年10月08日 | 31 |
| 8 | 杨* | 703231198706077546 | 1987年06月07日 | 35 |
| 9 | 刘** | 703231198811133569 | 1988年11月13日 | 33 |
| 10 | 柳* | 703231199103073416 | 1991年03月07日 | 31 |
| 11 | 陈* | 703231197011187153 | 1970年11月18日 | 51 |
| 12 | 胡** | 703231197202281345 | 1972年02月28日 | 50 |
| 13 | 赵** | 703231197412182478 | 1974年12月18日 | 47 |
| 14 | 艾** | 703231199108161229 | 1991年08月16日 | 31 |
| 15 | 王* | 703231199007040376 | 1990年07月04日 | 32 |
| 16 | 朱** | 703231199305031068 | 1993年05月03日 | 29 |
| 17 | 曹** | 703231198812057305 | 1988年12月05日 | 33 |
| 18 | | | | |

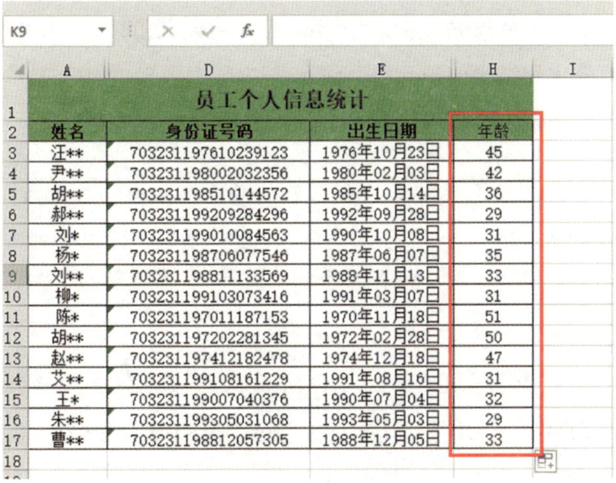

图7-10　向下复制函数

## 7.3.3 根据身份证号码提取性别

身份证号码还包含了每个人的性别信息，身份证号的第 17 位数是奇数的，性别为男，是偶数的，性别为女。这就需要使用 MID 函数了，使用 MID 函数提取第 17

位数字，并对该数字进行奇偶校验，使用 IF 函数确定输出结果。

使用函数从身份证号码中提取员工的性别，可以节省大量时间。具体操作如下：

找到存放结果的单元格，然后输入函数"=IF(MID(D3,17,1)/2=TRUNC(MID(D3,17,1)/2)," 女 "," 男 ")"，按 Enter 键，即可得到计算结果。利用填充功能向下复制函数，即可计算出所有员工的性别，如图 7-11 所示。

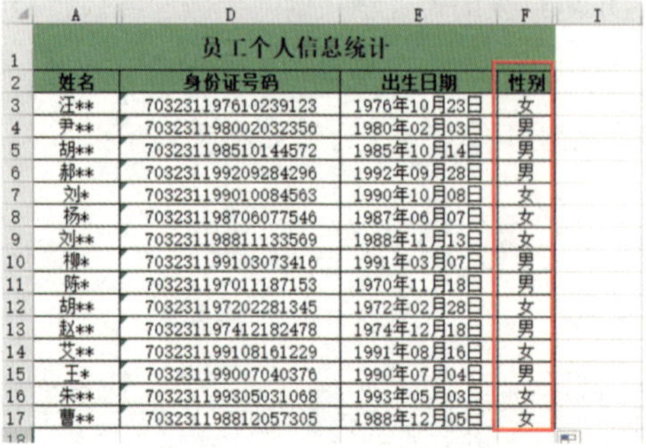

图7-11　根据身份证号码提取性别

### 7.3.4　合并单元格求和

在 Excel 中，经常用到 SUM 函数，该函数用于返回某单元格区域的所有数据值之和。SUM 函数的语法为：=SUM(number1,[number2],…)，其中，number1,[number2],…表示参加计算的 1~255 个数据参数。当使用 SUM 函数求和时，具体操作如下：

选择需要存放求和结果的单元格，输入求和函数"=SUM(B3:D3)"，按 Enter 键即可得到求和计算的结果。如图 7-12 所示。

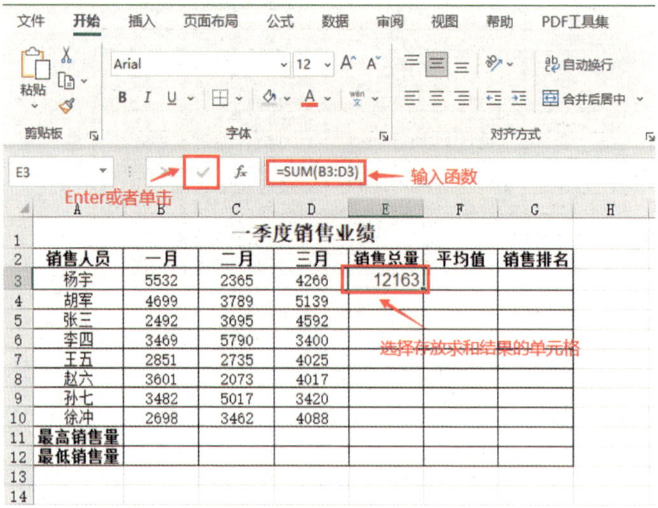

图7-12　输入函数

利用填充功能向下复制函数，计算出所有人的销售总量。如图 7-13 所示。

| 一季度销售业绩 | | | | | |
|---|---|---|---|---|---|
| 销售人员 | 一月 | 二月 | 三月 | 销售总量 | 平均值 | 销售排名 |
| 杨宇 | 5532 | 2365 | 4266 | 12163 | | |
| 胡军 | 4699 | 3789 | 5139 | 13627 | | |
| 张三 | 2492 | 3695 | 4592 | 10779 | | |
| 李四 | 3469 | 5790 | 3400 | 12659 | | |
| 王五 | 2851 | 2735 | 4025 | 9611 | | |
| 赵六 | 3601 | 2073 | 4017 | 9691 | | |
| 孙七 | 3482 | 5017 | 3420 | 11919 | | |
| 徐冲 | 2698 | 3462 | 4088 | 10248 | | |
| 最高销售量 | | | | | | |
| 最低销售量 | | | | | | |

图7-13　合并单元格求和

## 7.3.5　统计参数个数

COUNT 函数是统计类函数的一种，主要用于计算区域中包含目标数据的单元格个数。COUNT 函数的语法为：=COUNT(Value1,[Value2],…)。其中，参数 Value1,[Value2],…是我们要计数的 1~255 个参数。使用 COUNT 函数的具体操作如下：

选择存放函数计算结果的单元格，在选中的单元格中输入函数，按 Enter 键即可得到计算结果。如图 7-14 所示。

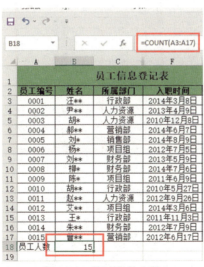

图7-14　统计参数个数

## 7.3.6　查找重复内容

使用 COUNT 函数对特定的单元格进行计数时，可能会出现重复计数的情况，而使用 COUNTIF 函数就可以解决重复计数的问题。使用 COUNTIF 函数时，如果结果大于 1 便代表有重复值，这时，可以使用 IF 函数来判断结果是否大于 1，大于 1 返回重复，小于等于 1 则返回空值，具体操作如下：

选择存放结果的单元格，在单元格中输入函数 "=IF(COUNTIF(H:H,H3)>1," 重复 ","")"，按 Enter 键即可得到计算结果。如图 7-15 所示。

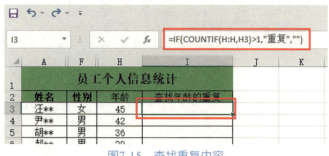

图7-15    查找重复内容

利用填充功能向下复制函数，即可查找出存在同龄人的员工。如图 7-16 所示。

| | A | F | H | I | J |
|---|---|---|---|---|---|
| 1 | 员工个人信息统计 | | | | |
| 2 | 姓名 | 性别 | 年龄 | 查找年龄的重复 | |
| 3 | 汪** | 女 | 45 | | |
| 4 | 尹** | 男 | 42 | | |
| 5 | 胡** | 男 | 36 | | |
| 6 | 郝** | 男 | 29 | 重复 | |
| 7 | 刘* | 女 | 31 | 重复 | |
| 8 | 杨* | 女 | 35 | | |
| 9 | 刘** | 女 | 33 | 重复 | |
| 10 | 柳* | 男 | 31 | 重复 | |
| 11 | 陈* | 男 | 51 | | |
| 12 | 胡** | 女 | 50 | | |
| 13 | 赵** | 男 | 47 | | |
| 14 | 艾** | 女 | 31 | 重复 | |
| 15 | 王* | 男 | 32 | | |
| 16 | 朱** | 女 | 29 | 重复 | |
| 17 | 曹** | 女 | 33 | 重复 | |

图7-16    查找重复内容

## 7.3.7    条件计数

使用 COUNT 函数可以对数据信息进行计数，也可以进行条件计数，对统计区域进行条件统计，即只对满足特定条件的单元格的数目进行统计，不满足条件的单元格不计入结果。

COUNTIF 函数的语法：=COUNTIF(range,criteria)，其中，参数 range 表示要统计的数据区域，criteria 表示进行统计的条件，它的形式可以是文本和数字。利用 COUNTIF 函数进行条件统计时，具体操作如下：

选择存放结果的单元格，在单元格中输入函数"=COUNTIF(H3:H17,">=40")"，按 Enter 键即可得到统计结果。如图 7-17 所示。

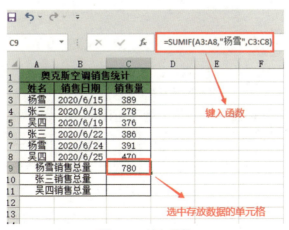

图7-17 条件计数

## 7.3.8 条件求和

SUMIF 函数只对满足特定条件的单元格区域进行求和计算，可以实现对特定条件的数据求和，提高工作效率。SUMIF 函数的语法：=SUMIF(range,criteria,[sum_range])。其中，range 表示要统计的单元格区域，criteria 表示求和的条件，[sum_range] 表示用于求和计算的区域。利用 SUMIF 函数进行条件求和时，具体操作如下：

选中要存放求和结果的单元格，在单元格中输入函数"=SUMIF(A3:A8," 杨雪 "，C3:C8)"，按 Enter 键即可查看求和结果。如图 7-18 所示。

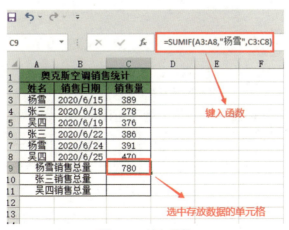

图7-18 输入函数

按照上述方法，对其他销售人员的销售总量进行求和计算。如图 7-19 所示。

| | A | B | C |
|---|---|---|---|
| 1 | 奥克斯空调销售统计 | | |
| 2 | 姓名 | 销售日期 | 销售量 |
| 3 | 杨雪 | 2020/6/15 | 389 |
| 4 | 张三 | 2020/6/18 | 278 |
| 5 | 吴四 | 2020/6/19 | 376 |
| 6 | 张三 | 2020/6/22 | 386 |
| 7 | 杨雪 | 2020/6/24 | 391 |
| 8 | 吴四 | 2020/6/25 | 470 |
| 9 | 杨雪销售总量 | | 780 |
| 10 | 张三销售总量 | | 664 |
| 11 | 吴四销售总量 | | 846 |
| 12 | | | |

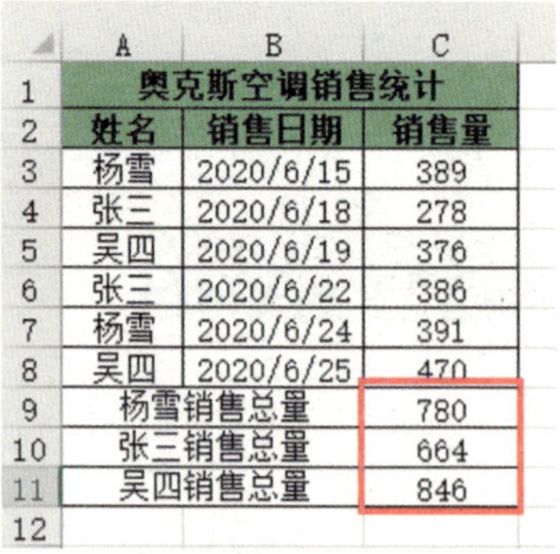

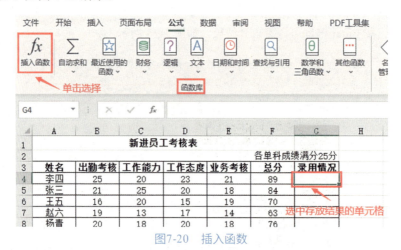

图7-19 条件求和

## 7.3.9 条件判断

对工作表中的数值和公式进行条件检测时，用的是 IF 函数。IF 函数的功能是根据指定的条件（计算结果为 TRUE 或者 FALSE），返回不同的结果。

IF 函数的语法：IF(logical_test,value_if_true,value_if_false)。其中，logical_test 表示计算结果为 TURE 或者 FALSE 的任意值或表达式。value_if_true 是 logical_test 参数返回值为 TRUE 时函数的返回值。value_if_false 是 logical_test 返回值为 FALSE 时函数的返回值。使用条件判断的具体操作如下：

选中存放结果的单元格，单击“公式”下的“函数库”，在“函数库”下选中“插入函数”。如图 7-20 所示。

| | A | B | C | D | E | F | G | H |
|---|---|---|---|---|---|---|---|---|
| 1 | 新进员工考核表 | | | | | | | |
| 2 | | | | | | 各单科成绩满分25分 | | |
| 3 | 姓名 | 出勤考核 | 工作能力 | 工作态度 | 业务考核 | 总分 | 录用情况 | |
| 4 | 李四 | 25 | 20 | 23 | 21 | 89 | | |
| 5 | 张三 | 21 | 25 | 20 | 18 | 84 | | |
| 6 | 王五 | 16 | 20 | 15 | 19 | 70 | | |
| 7 | 赵六 | 19 | 13 | 17 | 14 | 63 | | |
| 8 | 杨青 | 20 | 18 | 20 | 18 | 76 | | |

图7-20 插入函数

弹出“插入函数”对话框后，在“选择类别”中选中“常用函数”，在列表中选择“选择函数"，在列表框中选择"IF"函数，单击"确定"按钮。如图 7-21 所示。

图7-21　选择IF函数

弹出"函数参数"对话框后，在对话框中设置参数，设置完成后单击"确定"按钮。如图 7-22 所示。

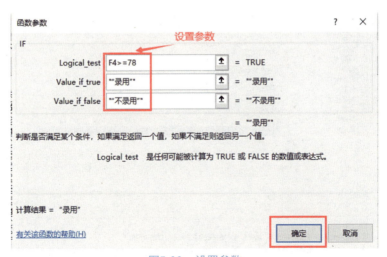

图7-22　设置参数

返回工作表即可查看结果，利用填充功能向下复制函数，即可计算出其他员工的录用情况。如图 7-23 所示。

**新进员工考核表**

各单科成绩满分25分

| 姓名 | 出勤考核 | 工作能力 | 工作态度 | 业务考核 | 总分 | 录用情况 |
|------|---------|---------|---------|---------|------|---------|
| 李四 | 25 | 20 | 23 | 21 | 89 | "录用" |
| 张三 | 21 | 25 | 20 | 18 | 84 | "录用" |
| 王五 | 16 | 20 | 15 | 19 | 70 | "不录用" |
| 赵六 | 19 | 13 | 17 | 14 | 63 | "不录用" |
| 杨青 | 20 | 18 | 20 | 18 | 76 | "不录用" |
| 张小波 | 17 | 20 | 16 | 23 | 76 | "不录用" |
| 黄雅雅 | 25 | 19 | 25 | 19 | 88 | "录用" |
| 袁志远 | 18 | 19 | 18 | 20 | 75 | "不录用" |
| 陈倩 | 18 | 16 | 17 | 13 | 64 | "不录用" |
| 韩丹 | 19 | 17 | 19 | 15 | 70 | "不录用" |
| 陈强 | 15 | 17 | 14 | 10 | 56 | "不录用" |

图7-23    其他员工的录用情况

### 7.3.10    生成随机数

使用 RAND 函数可以得到随机数，该函数用于返回大于或者等于 0 且小于 1 的平均分布的随机数，该随机实数依重新计算而变，即每次计算工作表时都将返回一个新的随机实数。该函数不需要计算参数。例如：需要在 280 位员工中随机抽取 30 位，具体操作如下：

选择放置随机数结果的 30 个单元格，打开"设置单元格格式"对话框，在"数字"选项卡的"分类"列表框中选择"数值"，并将小数位数设置为 0。如图 7-24 所示。

图7-24    设置小数位数

完成格式设置后，保持单元格的选中状态，在编辑栏中输入函数"=1+RAND()*280"。如图 7-25 所示。

图7-25　输入函数

按"Ctrl+Enter"组合键确认，即可得到1~280之间的30个随机整数。如图 7-26 所示。

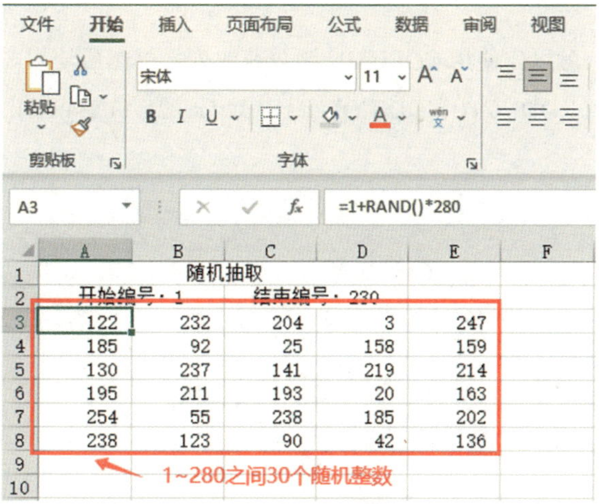

图7-26　生成随机数

### 7.3.11　计算乘积和

如果在给定的几组数据中，需要先将几个数组间对应的元素相乘，然后计算乘积之和，这时，使用 SUMPRODUCT 函数便可以实现。SUMPRODUCT 函数的语法为：SUMPRODUCT(array1,[array2],[array3],…)，其中，参数 array1,[array2],[array3],…为选中的需要进行计算的数组参数，使用该函数的操作如下：

选中存放计算结果的单元格，输入函数"SUMPRODUCT((B3:B17=" 女 ")*1, (C3:C17=" 公关部 ")*1)"，按 Enter 键即可得到计算结果。如图 7-27 所示。

图7-27　计算乘积和

### 7.3.12　隔列求和

隔列求和时，可以先使用 COLUMN 函数获取列号，然后使用 MOD 判断奇偶性，最后求和："=SUMPRODUCT((MOD(COLUMN(B4:G8),2)=1)*B4:G8)"，如图 7-28 所示。

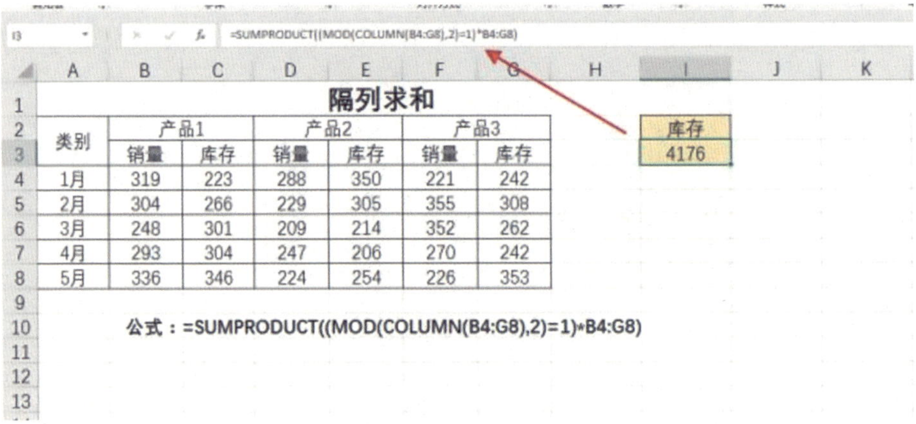

图7-28　隔列求和

### 7.3.13　排名

有时需要将一些数据按照从小到大或者从大到小的顺序进行排列，对数据进行逐个比较排序，操作起来会非常烦琐，还会浪费大量的人力、物力，但如果使用

RANK 函数，便可以简单、快速地完成该项工作。

RANK 函数用于返回一个数值在一组数值中的排位，也就是把指定的数据在一组数据中进行比较，将比较的名次返回到目标单元格中。RANK 函数的语法为：=RANK(number,ref,order)，其中，number 表示要在数据区域进行比较的指定数据，ref 表示包含一组数字的数组或引用（其中的非数值型参数将被忽略），order 表示一个数字，用来确定系统指定排名的方式（即升序还是降序排列）。若 order 为 0 则忽略，使用降序排列的数据清单进行排位；如果 order 不为 0，则将按升序排列的数据清单进行排位。使用 RANK 函数进行排名的具体操作如下：

选中存放排名结果的单元格，输入函数“=RANK(F4,$F$4:$F$14,0)”，按 Enter 键即可得到计算结果。如图 7-29 所示。

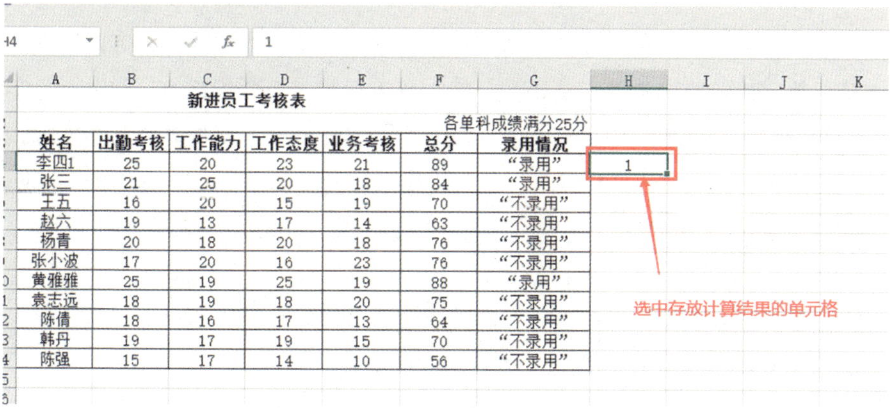


| 姓名 | 出勤考核 | 工作能力 | 工作态度 | 业务考核 | 总分 | 录用情况 | |
|---|---|---|---|---|---|---|---|
| 李四1 | 25 | 20 | 23 | 21 | 89 | “录用” | 1 |
| 张三 | 21 | 25 | 20 | 18 | 84 | “录用” | |
| 王五 | 16 | 20 | 15 | 19 | 70 | “不录用” | |
| 赵六 | 19 | 13 | 17 | 14 | 63 | “不录用” | |
| 杨青 | 20 | 18 | 20 | 18 | 76 | “不录用” | |
| 张小波 | 17 | 20 | 16 | 23 | 76 | “不录用” | |
| 黄雅雅 | 25 | 19 | 25 | 19 | 88 | “录用” | |
| 袁志远 | 18 | 19 | 18 | 20 | 75 | “不录用” | |
| 陈倩 | 18 | 16 | 17 | 13 | 64 | “不录用” | |
| 韩丹 | 19 | 17 | 19 | 15 | 70 | “不录用” | |
| 陈强 | 15 | 17 | 14 | 10 | 56 | “不录用” | |

图7-29 输入函数

通过填充功能向下复制函数，即可算出每位员工总分排名。如图 7-30 所示。

新进员工考核表

各单科成绩满分25分

| 姓名 | 出勤考核 | 工作能力 | 工作态度 | 业务考核 | 总分 | 录用情况 | 排名 |
|---|---|---|---|---|---|---|---|
| 李四 | 25 | 20 | 23 | 21 | 89 | “录用” | 1 |
| 张三 | 21 | 25 | 20 | 18 | 84 | “录用” | 3 |
| 王五 | 16 | 20 | 15 | 19 | 70 | “不录用” | 7 |
| 赵六 | 19 | 13 | 17 | 14 | 63 | “不录用” | 10 |
| 杨青 | 20 | 18 | 20 | 18 | 76 | “不录用” | 4 |
| 张小波 | 17 | 20 | 16 | 23 | 76 | “不录用” | 4 |
| 黄雅雅 | 25 | 19 | 25 | 19 | 88 | “录用” | 2 |
| 袁志远 | 18 | 19 | 18 | 20 | 75 | “不录用” | 6 |
| 陈倩 | 18 | 16 | 17 | 13 | 64 | “不录用” | 9 |
| 韩丹 | 19 | 17 | 19 | 15 | 70 | “不录用” | 7 |
| 陈强 | 15 | 17 | 14 | 10 | 56 | “不录用” | 11 |

图7-30 排名

# 数据透视表与数据透视图

## 8.1 数据透视表

数据透视表是汇总、分析、浏览和呈现数据的实用性工具，它可以按设置好的字段对数据进行快速汇总、统计与分析，并根据不同的分析目的，任意更改字段位置，重新获取统计结果。另外，数据透视表的数据计算方式也是多种多样的，如求和、求平均值、求最大值以及计数等，不同的数据分析需求可以选择相应的汇总方式。

### 8.1.1 数据透视表对数据的要求

数据透视表的创建以规范的数据源表格为基础，在创建数据透视表之前，一定要规范数据源表格。下面将介绍一些方法和技巧。

为确保数据可用于数据透视表，应注意以下几个方面：

（1）不能含有多个表头信息，如图 8-1 所示的表格，前三行都是表头信息，这样会导致程序无法为数据透视表创建字段。

| | A | B | C | D | E | F | G |
|---|---|---|---|---|---|---|---|
| 1 | | | | 工资表 | | | |
| 2 | 员工基本信息 | | 工资组成 | | | | |
| 3 | 员工编号 | 员工姓名 | 应付工资 | | | 社保 | 应发工资 |
| 4 | | | 基本工资 | 津贴 | 补助 | | |
| 5 | 1 | 王* | 2500 | 500 | 350 | 300 | |
| 6 | 2 | 艾** | 2501 | 501 | 351 | 300 | |
| 7 | 3 | 陈* | 2502 | 502 | 352 | 300 | |

图8-1 多个表头信息的数据源表格

（2）数据记录不能带有空行，如果数据源表格包含空行，那么会使程序无法获取完整的数据源，统计结果也不准确。

（3）数据源表格中的日期一定是规范的日期格式，不规范的日期格式会造成程序无法识别。

（4）数据源中不能包含重复记录。

（5）数据源表格中的列字段要保证唯一，不能重复。

（6）尽量避免将数据放在多个工作表中。

## 8.1.2 创建数据透视表

数据透视表具有强大的交互性，通过简单的布局改变，就可以实现多角度、全方位、动态地统计和分析数据，从而帮助我们从大量的信息中提取有用的信息。数据透视表的创建操作起来非常简单。具体操作步骤如下：

打开表格并选中数据区域中的任意单元格，在"插入"选项卡下"表格"分组中单击"数据透视表"按钮，打开"创建数据透视表"对话框并创建数据透视表。如图8-2所示。

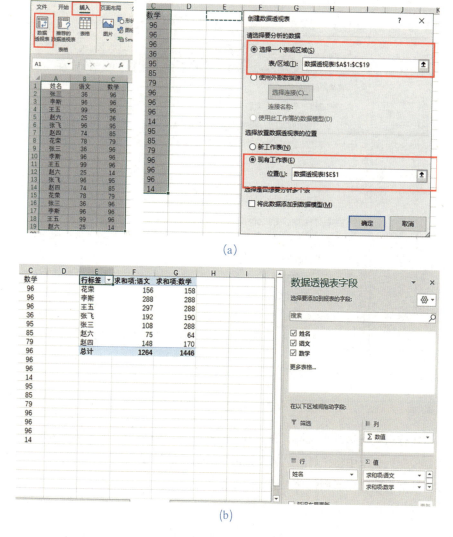

(a)

(b)

图8-2 创建数据透视表

### 8.1.3  用表格中部分数据创建数据透视表

如果只需要对表中的部分数据进行分析，可以只选择部分数据来创建数据透视表。下面将通过举例说明。

选中表格中要分析的数据区域，在"插入"选项卡下的"表格"分组中单击"数据透视表"按钮，在打开的对话框中保持各项默认设置不变。如图 8-3 所示。

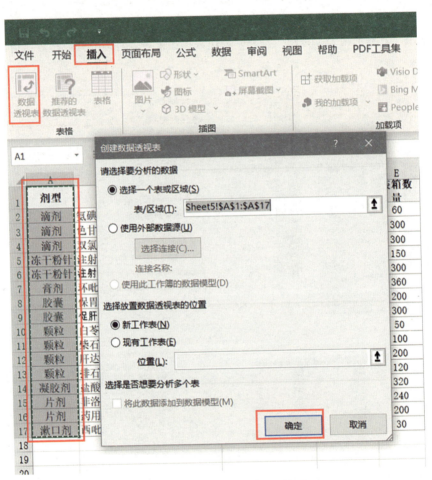

图8-3  用部分数据创建数据透视表

创建空白数据透视表之后，在"数据透视字段"窗格下方的"选择要添加到报表的字段"列表框中将"剂型"字段分别拖动到"行"与"值"区域即可。如图 8-4 所示。这时，就可以看到每种剂型的数量汇总了。

图8-4 设置行与值

### 8.1.4 用外部数据创建数据透视表

创建数据透视表可能会用到外部数据，打开"创建数据透视表"对话框后，选中"使用外部数据源"单选按钮并单击"选择连接"按钮，打开"现有连接"对话框。如图 8-5 所示。

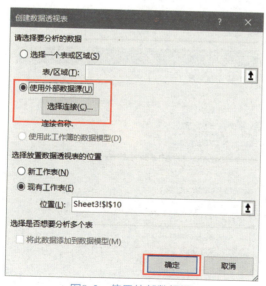

图8-5 使用外部数据源

选择列表中的"客户信息表"选项。这里需要注意的是：如果选择的工作簿中包含多张工作表，还需要选择用哪一张工作表的数据作为数据源创建数据透视表。如果列表中没有显示可选择的外部数据源表格，可以单击"浏览更多"按钮，在打开的对话框中定位要使用的工作簿的保存位置并选中。如图 8-6 所示。

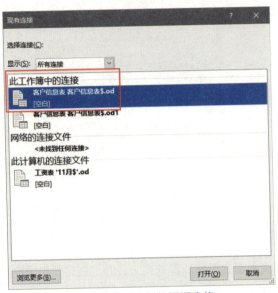

图8-6 选择外部数据源表格

单击"打开"按钮，返回"创建数据透视表"对话框，即可看到选择的外部数据源表格名称，并设置放置位置为"现有工作表"。如图 8-7 所示。

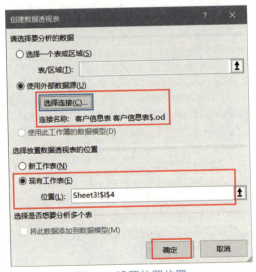

图8-7 设置放置位置

单击"确定"按钮，完成空白数据透视表的创建，依次添加相应的字段即可。如图 8-8 所示。

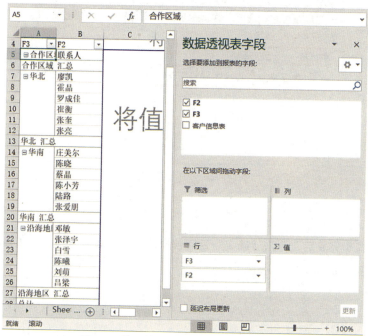

图8-8　使用外部数据建立的数据透视表

### 8.1.5　更改数据透视表的数据源

更改数据透视表的数据源可以帮助我们实现新的数据透视表的创建，且不需要重新创建数据透视表文件。具体的操作步骤如下：

打开数据透视表，在"数据透视表工具"→"分析"选项卡下的"数据"分组中单击"更改数据源"按钮。如图 8-9 所示。

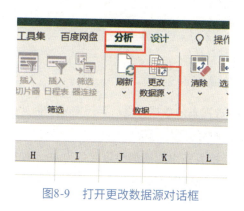

图8-9　打开更改数据源对话框

重新更改"表/区域"的引用范围为 $A$1:$G$3（可单击右侧的拾取器返回到数据表中重新选择）。如图 8-10 所示。

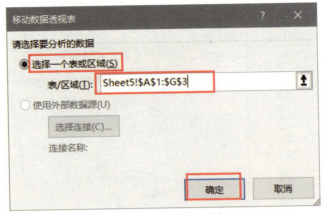

图8-10 重新选择区域

上述操作完成后，单击"确定"返回数据透视表，即可看到数据透视表引用了新的数据源。如图 8-11 所示。

| | A | B | C |
|---|---|---|---|
| 1 | | | |
| 2 | | | |
| 3 | | 数据 | |
| 4 | ▼ | 求和项:装箱数量 | 求和项:医院零售价 |
| 5 | 滴剂 | 660 | 160.8 |
| 6 | 冻干粉针 | 450 | 130 |
| 7 | 育剂 | 360 | 40 |
| 8 | 胶囊 | 1780 | 356 |
| 9 | 颗粒 | 470 | 78 |
| 10 | 凝胶剂 | 320 | 16 |
| 11 | 片剂 | 1380 | 505 |
| 12 | 漱口剂 | 30 | 90 |
| 13 | 栓剂 | 200 | 100 |
| 14 | 丸剂 | 760 | 145 |
| 15 | 注射剂 | 80 | 35 |
| 16 | 总计 | 6490 | 1655.8 |

图8-11 更改数据源之后的数据透视表

## 8.1.6 刷新数据透视表

懂得如何更改数据透视表的数据源之后，还需要掌握如何刷新数据透视表，以实现数据透视表中统计数据的同步更新。

如图 8-12 所示，原始表格中的滴剂装箱数量为 40，数据透视表中显示的汇总数量为 640，重新更改滴剂装箱数量为 200。如图 8-12 所示。

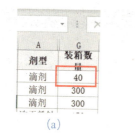

(a)　　　　　　　(b)　　　　　　　(c)

图8-12　更改原始数据

切换至数据透视表后，在"数据透视表工具"→"分析"选项卡下的"数据"分组中单击"刷新"按钮，即可刷新数据透视表。如图 8-13 所示。

图8-13　数据透视表刷新之后的结果

## 8.1.7　创建自动更新的数据透视表

虽然"刷新"按钮可以实现数据透视表中统计数据的同步更新，但当数据源表格中增加新行或者新列时就无法实现数据更新了。此时需要更改数据源或者重新选择新数据源创建数据透视表。如果数据源表格需要经常添加新记录，更新数据透视表就需要经常更改数据源。为了避免这个麻烦，我们可以创建自动更新的数据透视表。具体操作如下：

选中表格中的任意数据单元格，在"插入"选项卡下的"表格"分组中单击"表格"按钮。如图 8-14 所示。

打开"创建表"对话框，保持设置，单击"确定"按钮，即可创建表。如图 8-15 所示。

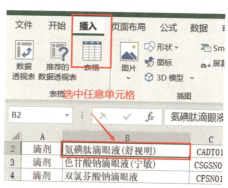

图8-14　插入表格

图8-15　打开创建表对话框

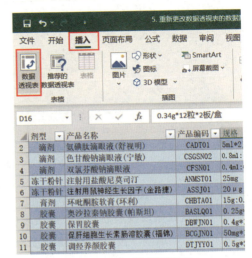

图8-16　插入数据透视表

　　选择表中的任意数据所在的单元格,在"插入"选项卡下的"表格"分组中单击"数据透视表"按钮,打开"创建数据透视表"对话框。如图 8-16 所示。

　　此时,我们可以看到选择的"表 / 区域"名称为"表1",单击"确定"按钮,将字段添加到相应的字段区域即可创建数据透视表。如图 8-17 所示。

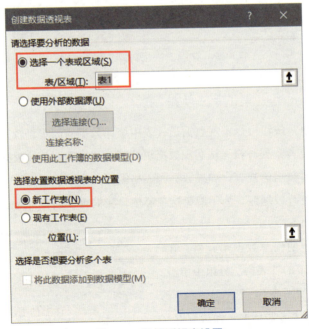

图8-17　数据透视表设置

　　切换至原始数据表格,在表中直接插入新行并输入数据。如图 8-18 所示。

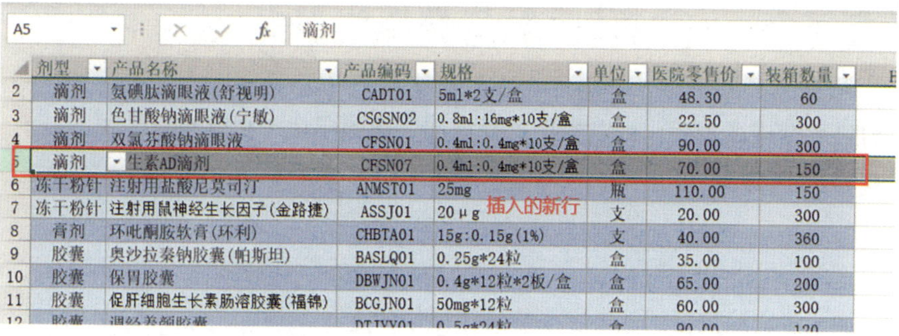

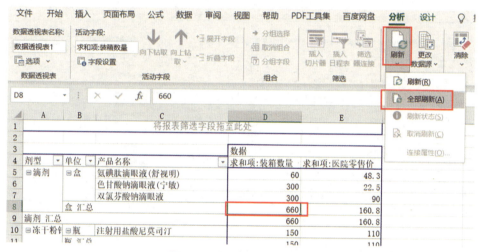

图8-18 在数据源表格中插入新行

再次切换到数据透视表后,单击"分析"选项卡的"数据"分组中的"刷新"按钮,选择"全部刷新"。如图 8-19 所示。

图8-19 执行全部刷新操作

回到数据透视表,即可看到刷新后的数据。如图 8-20 所示。

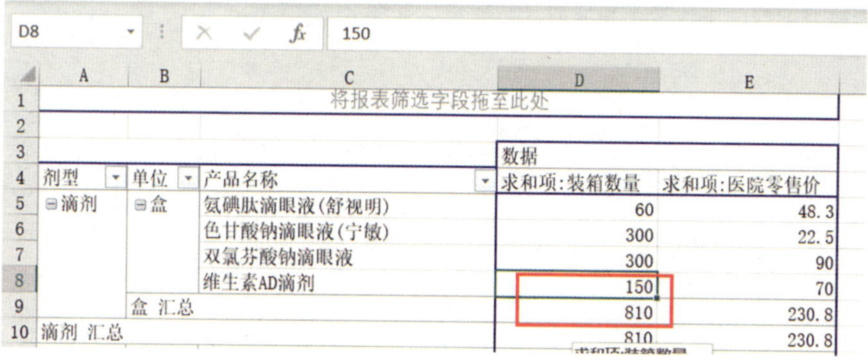

图8-20 刷新后的数据

# 8.2　编辑数据透视表

创建数据透视表后，可以根据需要添加或删除字段、更改布局样式、显示或隐藏数据等。

## 8.2.1　添加和删除字段

添加或者删除数据透视表字段的具体操作如下：

打开数据透视表，选中数据透视表的任意单元格，在"数据透视表字段"窗格中的"选择要添加到报表的字段"列表框中，勾选需要添加的字段复选框，即可添加字段，取消勾选需要删除的字段复选框即可删除字段。如图 8-21 所示。

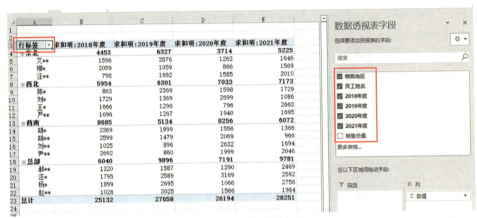

图8-21　添加和删除字段

## 8.2.2　更改图表布局

如果对数据透视表的布局不满意，可以交换行字段、列字段的位置。在该操作中，只需将要调整的字段拖至相应的区域即可。如图 8-22 所示。

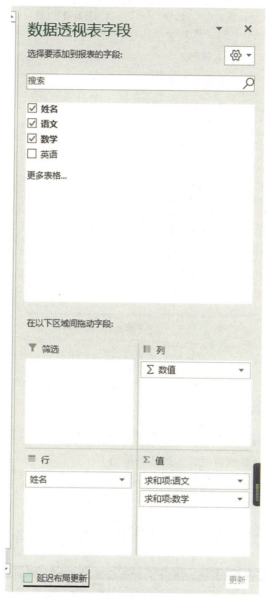

图8-22 更改图表布局

### 8.2.3 显示和隐藏数据

数据透视表不仅可以分类汇总数据，还可以单独显示一项或几项具体的数据信息，便于查看和分析某些项目的数据情况，或者隐藏不想显示的数据信息。点击数据透视表"行标签"的下拉按钮,勾选需要显示的数据,或取消勾选不想显示的数据。如图 8-23 所示。

图8-23　显示和隐藏数据

## 8.2.4　更新数据透视表

创建数据透视表后，如果要修改数据透视表中的数据，应回到数据源表格中进行修改，然后再更新数据透视表。具体操作如下：

对数据源表格进行相应的修改，选中数据透视表中的任意单元格，在"数据透视表工具""分析"选项卡下的"数据"分组中单击"刷新"下拉按钮，在弹出的下拉列表中选择"全部刷新"选项。如图 8-24 所示。

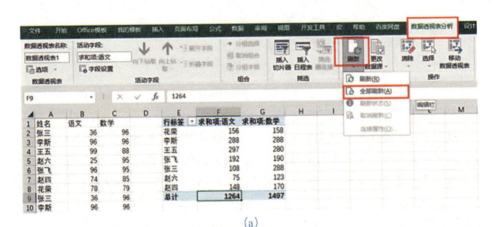

(a)

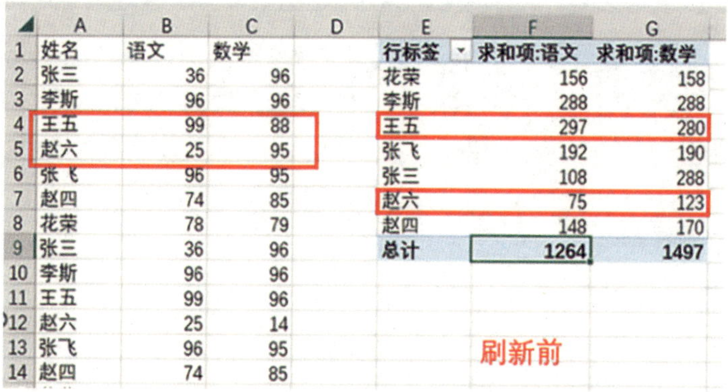

| | A | B | C | D | E | F | G |
|---|---|---|---|---|---|---|---|
| 1 | 姓名 | 语文 | 数学 | | 行标签 | 求和项:语文 | 求和项:数学 |
| 2 | 张三 | 36 | 96 | | 花荣 | 156 | 158 |
| 3 | 李斯 | 96 | 96 | | 李斯 | 288 | 288 |
| 4 | 王五 | 99 | 88 | | 王五 | 297 | 280 |
| 5 | 赵六 | 25 | 95 | | 张飞 | 192 | 190 |
| 6 | 张飞 | 96 | 95 | | 张三 | 108 | 288 |
| 7 | 赵四 | 74 | 85 | | 赵六 | 75 | 123 |
| 8 | 花荣 | 78 | 79 | | 赵四 | 148 | 170 |
| 9 | 张三 | 36 | 96 | | 总计 | 1264 | 1497 |
| 10 | 李斯 | 96 | 96 | | | | |
| 11 | 王五 | 99 | 96 | | | | |
| 12 | 赵六 | 25 | 14 | | | | |
| 13 | 张飞 | 96 | 95 | | | | |
| 14 | 赵四 | 74 | 85 | | | | |



(b)

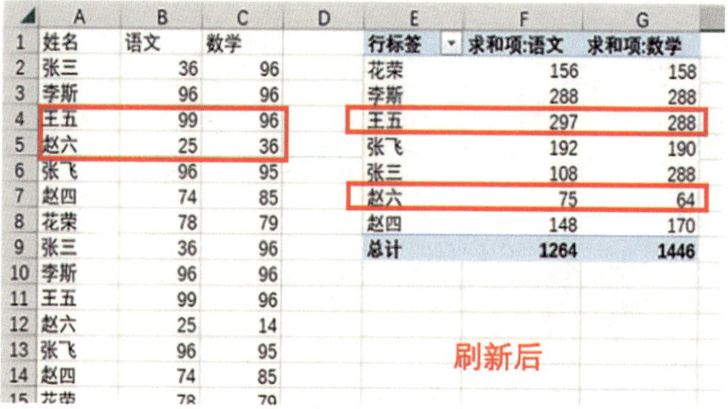

| | A | B | C | D | E | F | G |
|---|---|---|---|---|---|---|---|
| 1 | 姓名 | 语文 | 数学 | | 行标签 | 求和项:语文 | 求和项:数学 |
| 2 | 张三 | 36 | 96 | | 花荣 | 156 | 158 |
| 3 | 李斯 | 96 | 96 | | 李斯 | 288 | 288 |
| 4 | 王五 | 99 | 96 | | 王五 | 297 | 288 |
| 5 | 赵六 | 25 | 36 | | 张飞 | 192 | 190 |
| 6 | 张飞 | 96 | 95 | | 张三 | 108 | 288 |
| 7 | 赵四 | 74 | 85 | | 赵六 | 75 | 64 |
| 8 | 花荣 | 78 | 79 | | 赵四 | 148 | 170 |
| 9 | 张三 | 36 | 96 | | 总计 | 1264 | 1446 |
| 10 | 李斯 | 96 | 96 | | | | |
| 11 | 王五 | 99 | 96 | | | | |
| 12 | 赵六 | 25 | 14 | | | | |
| 13 | 张飞 | 96 | 95 | | | | |
| 14 | 赵四 | 74 | 85 | | | | |
| 15 | 花荣 | 78 | 79 | | | | |



(c)

图8-24 更新数据透视表

# 8.3 数据透视图

与普通图表相比，数据透视图更加灵活，且可以通过修改字段或布局达到分析统计不同数据的目的。数据透视图在数据透视表的基础上创建，如果在创建数据透视图之前没有创建数据透视表，则可以在创建数据透视图时创建数据透视表。

## 8.3.1 创建数据透视图

在数据透视表工具中的“分析”选项卡中，点击“工具”分组中的“数据透视图”，选择需要的图表样式，点击“确定”即可完成创建。如图 8-25 所示。

(a)

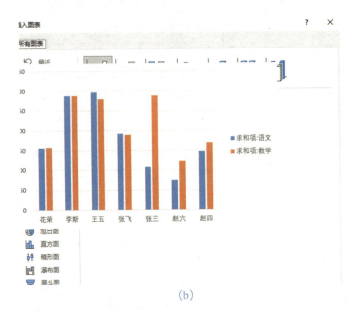

(b)

| 行标签 ▼ | 求和项:语文 | 求和项:数学 |
|---|---|---|
| 花荣 | 156 | 158 |
| 李斯 | 288 | 288 |
| 王五 | 297 | 280 |
| 张飞 | 192 | 190 |
| 张三 | 108 | 288 |
| 赵六 | 75 | 123 |
| 赵四 | 148 | 170 |
| 总计 | 1264 | 1497 |

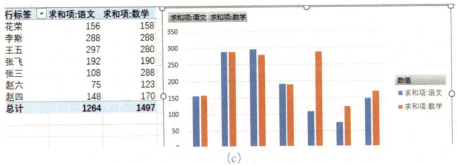

(c)

图8-25　创建数据透视图

如果工作簿中还没有创建数据透视表，可以单击数据表中的任意单元格，选择"插入"，然后选择"数据透视表"，弹出"来自表格区域的数据透视表"对话框后，点击"确定"即可。

### 8.3.2 选择合适的数据透视图

结合上面的例子，根据已知数据透视表创建饼图图表，查看各类型的药品数量所占的比重。具体步骤如下：

选中数据透视表中的任意单元格，在"数据透视表工具"→"分析"选项卡的"工具"分组中单击"数据透视图"按钮，打开"插入图表"对话框。如图 8-26 所示。

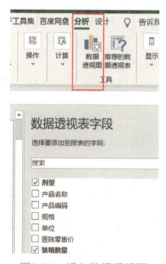

图8-26 插入数据透视图

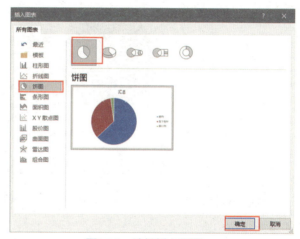

图8-27 选择插入饼图

在左侧的图表类型中选择"饼图"，在右侧选择饼图类型为"饼图"。如图 8-27 所示。

单击"确定"按钮完成设置。此时，我们就可以看到数据透视表中已经插入了饼图图表，然后依次添加标题和数据标签即可。如图 8-28 所示。

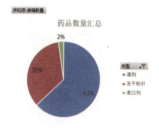

图8-28 饼图图表

### 8.3.3　更改图表类型

创建数据透视图之后，如果感觉这类图表的展示效果不理想或者没有达到目的，可以快速更改图表的类型，找到合适的数据透视图。

选择数据透视图并单击鼠标右键，在弹出的快捷菜单中选择"更改图表类型"命令，打开"更改图表类型"对话框。如图 8-29 所示。

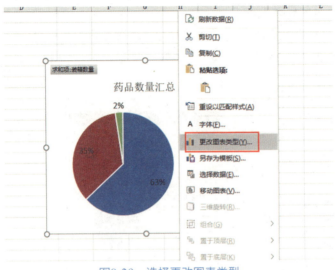

图8-29　选择更改图表类型

在左侧的图表类型中选择"柱形图"，在右侧选择柱形图类型为"簇状柱形图"。如图 8-30 所示。

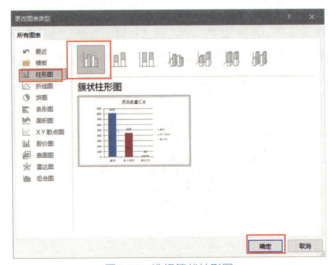

图8-30　选择簇状柱形图

单击"确定"按钮完成设置。此时，我们可以看到饼图图表已经更改为"簇状柱形图"。如图 8-31 所示。

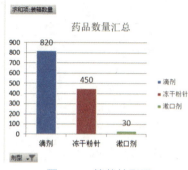

图8-31　簇状柱形图

### 8.3.4　添加数据标签

为了让图表更直观地展示数据，可以在数据透视图中添加数据标签。具体操作如下：

打开数据透视图，在"数据透视图工具"→"设计"选项卡下的"图表布局"分组中单击"添加图表元素"下拉按钮，在打开的下拉列表中依次选择"数据标签"→"其他数据标签选项"，打开"设置数据标签格式"窗口。如图 8-32 所示。

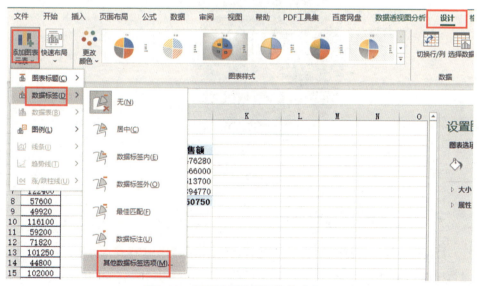

图8-32　打开设置数据标签格式窗口

在"标签选项"栏勾选"类别名称"和"百分比"复选框。如图 8-33 所示。

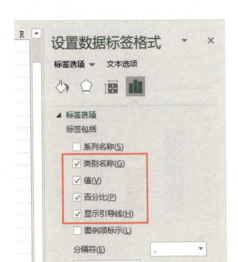

图8-33    设置标签格式

经过上述操作，我们可以看到数据透视图中添加了类别名称和百分比数据标签。如图 8-34 所示。

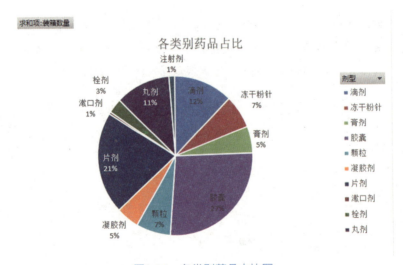

图8-34    各类别药品占比图

## 8.3.5    美化数据透视图技巧

数据透视图与图表类似，可对其进行美化。先应用图表样式，再将其补充完善。具体操作步骤如下：

选中数据透视图并单击右侧的"图表样式"按钮，在弹出的样式列表中单击"样式 1"。如图 8-35 所示。

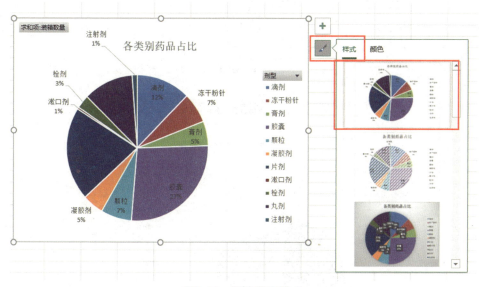

图8-35 更改图表样式

此时，可以看到图表一键应用了指定样式，选中"胶囊"数据点，按住鼠标左键不松向外拖动，将该数据点分离出来。如图 8-36 所示。

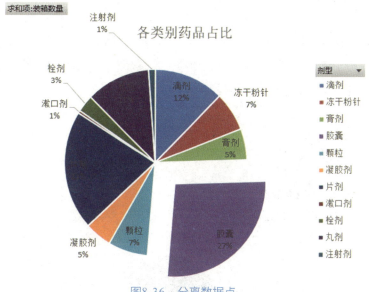

图8-36 分离数据点

接下来，保持该数据点为选中状态，在"数据透视图工具"→"格式"选项卡下的"形状样式"分组中单击"形状填充"下拉按钮，在打开的下拉列表中选择红色，可以重新设置该对象的填充色。如图 8-37 所示。

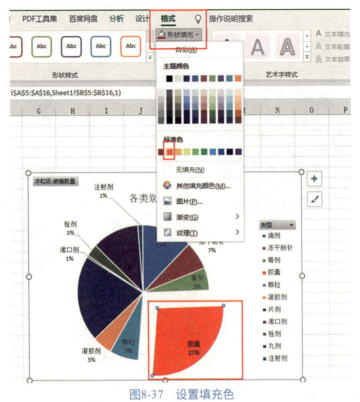

图8-37　设置填充色

依旧保持该数据点的选中状态，并单击选中数据标签，在"开始"选项卡下的"字体"分组中单击"字体颜色"下拉按钮，在打开的下拉列表中选择"红色"，即可将文字更改为红色字体。如图 8-38 所示。

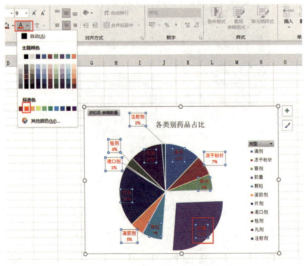

图8-38　更改数据标签字体颜色

### 8.3.6　在数据透视图中查看数据

在数据透视图中，可以单击"图表筛选器"按钮，实现筛选查看一部分数据，即让数据透视图只绘制想查看的那部分数据。具体操作步骤如下：

选中数据透视图之后，单击右侧的"图表筛选器"按钮，在弹出的下拉面板中分别勾选"滴剂""冻干粉针""膏剂"和"漱口剂"前面的复选框。如图 8-39 所示。

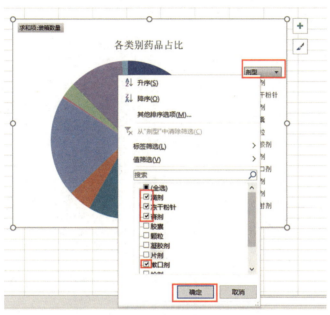

图8-39　筛选数据

单击"确定"按钮，完成筛选。经过上述设置，我们就可以看到只包含刚刚选中的四个数据的数据透视图了。如图 8-40 所示。

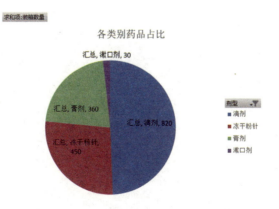

图8-40　筛选后的数据透视图

另外，让数据透视图显示明细数据的方法有以下两种：

（1）在关联的数据透视表中将明细数据显示出来，显示出来的明细数据会直接反应在数据透视图中。

（2）可以直接在数据透视图中设置显示明细数据。

打开数据透视图，单击"柱形图1"，在需要显示明细数据的柱形图上再单击一次，即可单独选中"片剂"数据系列。单击鼠标右键，在弹出的快捷菜单中依次选择"展开/折叠"→"展开"命令。如图 8-41 所示。

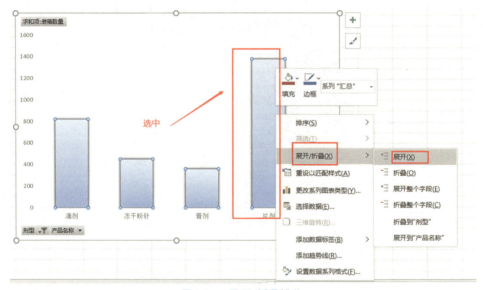

图8-41　展开/折叠操作

这时，我们可以看到数据透视图显示了"片剂"数据系列的各项明细数据。如图 8-42 所示。

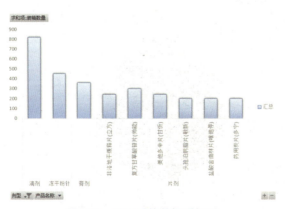

图8-42　展开后的数据透视图

# 第 9 章

# 宏 与 VBA 的 应 用

## 9.1　宏的应用

打开 Excel，打开"开发工具"选项卡，若无"开发工具"选项卡，则通过文件→选项→自定义功能区进行开启。如图 9-1、图 9-2 所示。

图9-1　单击选项

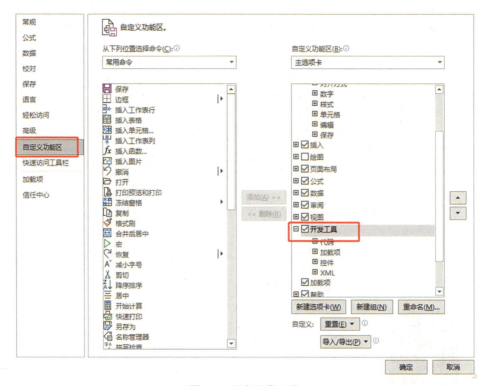

图9-2　开启开发工具

新建一个 Excel 表格，并输入内容，开启"使用相对引用"，否则无法调用宏。如图 9-3 所示。

图9-3　开启使用相对引用

开始录制宏：点击"录制宏"可以录制 Excel 中的操作。

具体操作如下：

　　选中一行数据,在"开发工具"选项卡下的"代码"分组中单击"录制宏"按钮。打开"录制宏"对话框,在"宏名"文本框中输入宏名称,单击"确认"按钮,然后单击右键,选择"插入",再单击"结束录制"按钮。如图9-4所示。

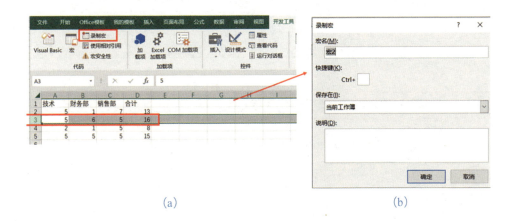

(a)　　　　　　　　　　　　　　　　　　(b)

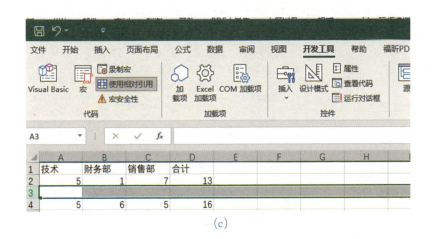

(c)

图9-4　录制宏

调用宏的两种方法:

第一种,对已经录制好的宏执行如下操作,将调用已录制的宏。

a. 选择要插入空行的位置。

b. 点击"宏",选择刚刚录制的宏,并点击"执行"。

c. 则该行插入了新行。

具体的步骤如图 9-5、图 9-6、图 9-7 所示。

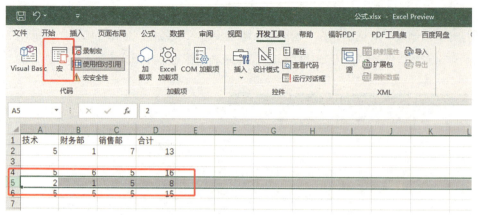

图9-5　选择插入空行的位置

图9-6　执行

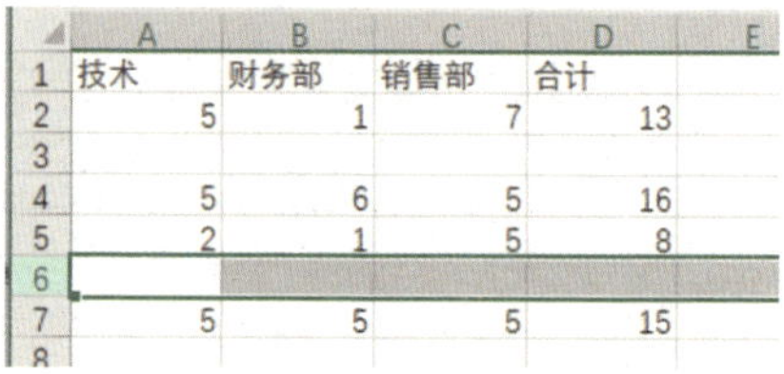

图9-7　调用宏后的效果

第二种,点击"插入"→"形状",选择任意形状,单击鼠标右键,选择"指定宏",选择刚刚录制的宏;接下来,将调用已录制的宏:

a. 选择要插入空行的位置。

b. 点击刚刚插入的形状。

c. 则该行插入了新行。

具体的步骤如图 9-8、图 9-9、图 9-10、图 9-11 所示。

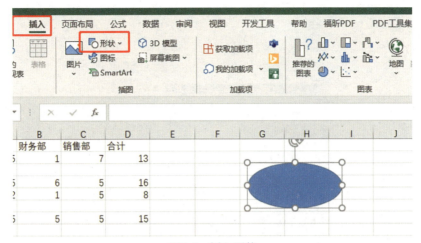

图9-8　插入形状

图9-9　指定宏

图9-10 选择录制的宏

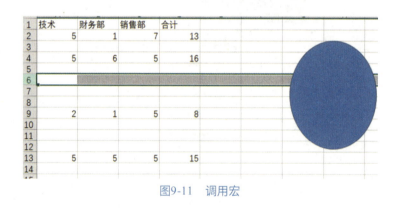

图9-11 调用宏

# 9.2 VBA 的应用

VBA 是 Excel 的底层根本，只有把程序最底层的东西搞清楚、弄明白，才能更好地使用复杂的应用。对多数读者而言，由于未使用过 VBA 或者不具备计算机语言知识，容易被 VBA 直白的语句吓住。VBA 其实很简单，而且很实用。

打开 Excel 文件，鼠标右击下面的工作表（如 sheet1）。选择"查看代码"，就可以打开 VBA 编辑器界面了。如图 9-12、图 9-13 所示。

图9-12　查看代码

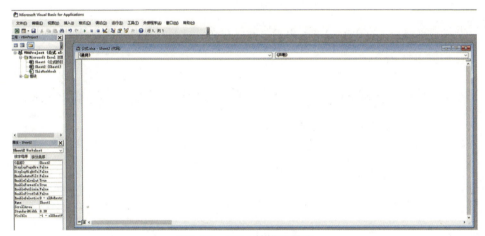

图9-13　VBA编辑器界面

选择如图所示的下拉菜单，选择"Worksheet"。如图 9-14 所示。

图9-14　选择Worksheet

　　选择下拉菜单，在该下拉列表中选择对应的触发模式。这里我们选择BeforeDoubleClick，即在鼠标双击本工作表之前，将触发下面的代码程序。如图9-15所示。图中的Activate是指在工作表被选取的时候触发；Change的意思是指在这个模式下，只要工作表发生变化，就将触发；BeforeRightClick是指在鼠标右击之前触发；SelectionChange是指在选区发生变化时触发。

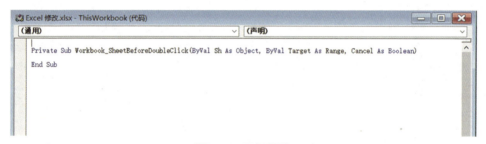

图9-15　选择BeforeDoubleClick

　　完成选择后，可以看到下面出现了两行代码，这两行代码其实是在声明一个函数。如图9-16所示。

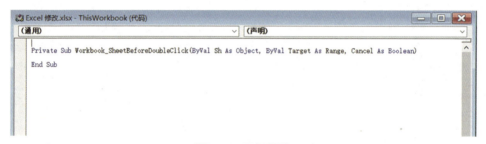

图9-16　两行代码

　　将鼠标放置在这两行代码之间，写上执行语句：

Sheet1.Cells(1, 3) = Sheet1.Cells(1, 1) + Sheet1.Cells(1, 2)

　　其中，Sheet1.Cells(1,3)指第一行第三列的单元格；Sheet1.Cells(1, 1)指第一行第一列的单元格；Sheet1.Cells(1, 2)指第一行第二列的单元格。

　　执行语句的意思是：将Sheet1中Cells(1,1)和Cells(1,2)的值相加，并赋值给Cells(1,3)。如图9-17所示。

　　**注意：**写语句的时候，输入法一定是英文模式，否则语句会报错。

图9-17 写上执行语句

点击保存，回到 Excel 的原始界面。在 A1 和 B1 中分别输入一个数值，如图 9-18 所示（图中输入的是：125895 和 78954）。

**注意：** 现在的 A3 单元格是空的。

图9-18 输入两个数值

在 Sheet1 的工作表中，双击鼠标，就会发现 A3 单元格中出现了数值，且此数值是 A1、A2 两个单元格中的数值之和。如图 9-19 所示（204849=125895+78954）。

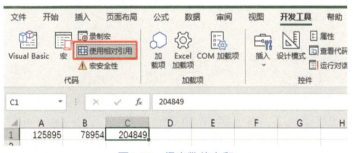

图9-19 得出数值之和